中国自主产权芯片技术与应用丛书

国家出版基金项目
NATIONAL PUBLICATION FOUNDATION

CPU
通识课

靳国杰 张戈 —————— 著

A BRIEF
HISTORY OF
CPU

人民邮电出版社
北　京

U0287852

图书在版编目（CIP）数据

CPU通识课 / 靳国杰，张戈著. -- 北京：人民邮电
出版社，2022.1（2022.7重印）
　　（中国自主产权芯片技术与应用丛书）
　　ISBN 978-7-115-57637-8

　　Ⅰ．①C… Ⅱ．①靳… ②张… Ⅲ．①微处理器—系统
设计 Ⅳ．①TP332

中国版本图书馆CIP数据核字(2021)第205750号

内　容　提　要

中央处理器（CPU）是计算机中最重要的芯片。CPU 的设计和制造水平是一个国家信息技术实力的象征，产业生态的构建需要培养更多掌握 CPU 技术原理的高端人才。本书基于龙芯 CPU 团队在 20 年间积累的技术和经验，从 CPU 概览篇、CPU 术语篇、CPU 原理篇、CPU 系统篇、CPU 生产制造篇、CPU 家族篇、CPU 生态篇、中国 CPU 篇八大板块剖析 CPU，生动有趣地讲解了 CPU 的基础概念、核心原理、生产制造及产业生态，更解读了龙芯 CPU 的研发历史、核心特色和生态建设经验，让读者循序渐进地进入 CPU 的殿堂。

本书可作为高等院校计算机专业本科生或研究生的通识教材，也可作为从事计算机体系结构或计算机系统设计的工程技术人员的参考书。本书也适合非专业人士阅读，尤其适合国内信息化厂商或想支持中国自主信息产业体系建设的有志人士阅读。

◆ 著　　　　靳国杰　张　戈
　　责任编辑　赵祥妮
　　责任印制　王　郁　陈　犇

◆ 人民邮电出版社出版发行　　北京市丰台区成寿寺路 11 号
　　邮编　100164　电子邮件　315@ptpress.com.cn
　　网址　https://www.ptpress.com.cn
　　北京富诚彩色印刷有限公司印刷

◆ 开本：880×1230　1/32
　　印张：11.25　　　　　　　　2022 年 4 月第 1 版
　　字数：261 千字　　　　　　 2022 年 7 月北京第 3 次印刷

定价：79.90 元

读者服务热线：(010)81055410　印装质量热线：(010)81055316
反盗版热线：(010)81055315
广告经营许可证：京东市监广登字 20170147 号

从实践中来，到实践中去

编　委　会

主　编：靳国杰

审　定：张　戈　胡伟武

编写组：杜望宁　李　超　何　涛
　　　　王以勇　郭同彬　邓洪升
　　　　刘　坚　杨　昆

顾问组：汪文祥　王焕东　吴瑞阳
　　　　范宝峡　张福新　高　翔

本书使用搭载龙芯 3A5000 处理器的计算机编写。

CPU 是信息社会的发动机,我们每个人都享受着 CPU 提供的服务。

这是一本精练的科普书。作者多年来从事 CPU 的专业研发,在书中分享了他们的知识、经验和见解。翻开目录,你看到的是一座包罗万象的 CPU "大观园"。这里既有 CPU 的基本概念、常用术语,又有 CPU 的设计原理,还有 CPU 的产业规律。

在这本原创的科普图书中,作者写到精微之处,往往有感而发。这无不表明本书不是对史料的一般罗列,而是作者在多年的科研实践中形成的评判和论点,能够给读者更多的思想启示。尤其是在最后一篇中,作者对中国 CPU 的发展史进行了深刻的点评,为极具自主创新精神的中国计算机先驱们描绘了永久的画像。

自从担任中国计算机学会科学普及工作委员会主任以来,我观察到国内很多高科技企业开始重视科普工作。这些已经站在 IT 技术高峰上的科研工作者,愿意在科学普及工作上投入时间,给大众更多有益的精神食粮。我想,这也从一个侧面证实了中国科学事业的进步。

阅读这本书,不一定是在大学的图书馆里,同样可以在出差的飞机、高铁上,在给孩子讲解科学技术的课堂上。

"Know yourself.",这是古希腊德尔斐神庙门楣上的一句箴言,提醒人类把认识自己、认识世界作为最高的哲学目标。相信看完本书的读者也能够对 CPU 世界多一分认识，看待世界多一个视角。

CPU 与你同行。

王元卓

王元卓：博士，中国科学院（中科院）计算技术研究所研究员，博士生导师，中科大数据研究院院长，中国计算机学会科学普及工作委员会主任，中国科普作家协会副理事长，2019 年"中国十大科学传播人物"，《科幻电影中的科学》系列手绘科普图书作者。

前　言

科技的发展既需要技术类书籍，也需要通识类书籍。通识类书籍使非专业人士能够一窥技术本质，领略智慧之美。

人才的培养需要有一技之长的专才，更需要具备综合素质的通才。通识课应成为高等教育的重要内容。有成就之人无一不是广学博识。通识类书籍能使读者汲取营养、开阔眼界、提高素养，具备大局观，提高宏观决策能力。

本书讲述了计算机在 70 多年的发展历史中积累下来的 CPU 的本质思想。CPU 包含的工程智慧对各个行业都有启示作用。

本书编写团队见证了中国自主 CPU 20 余年的发展，并长期参与龙芯技术研发、市场推广，对提高中国 CPU 核心能力、建设中国信息化生态的道路形成了初步认识。

希望读者学会以 CPU 思维分析问题，以 CPU 视角观察世界。

靳国杰

2021 年 11 月于山西长治漳泽湖畔

目　录

CPU 概览篇　时代与机遇

第 / 1 节

———————— CPU 时代 ———————— 001

信息社会的基石：CPU　　　002

电脑之心：CPU 在计算机中的地位　　　004

从大到小：CPU 外观的变化　　　005

国之重器：CPU 为什么成为信息技术的焦点？　　　006

CPU 分成哪些种类？　　　007

微观巨系统：为什么说 CPU 是世界难题？　　　010

第 / 2 节

———————— CPU 性能论 ———————— 013

CPU 怎样运行软件？　　　014

主频越高，性能就越高吗？　　　017

为什么 MIPS 和 MFLOPS 不能代表性能？　　　019

面向问题的性能评价标准：SPEC CPU　　　020

性能测试工具的局限性　　　022

不推荐的测试集：UnixBench　　　024

第 / 3 节

———————— 人人可学 CPU ———————— 026

从简单到复杂：CPU 的进化　　　027

CPU 技术在计算机科学中的地位　　　029

我不需要做 CPU，为什么还要学习 CPU？　　　031

开源 CPU 哪里找？　　　032

CPU 术语篇　入门术语应知应会

第
1
节

——————　**计算机的语言：指令集**　—————— 035

软件编码规范：什么是指令集？　036

什么是指令集的兼容性？　037

为什么指令集要向下兼容？　038

为什么说指令集可以控制生态？　040

自己能做指令集吗？　041

第
2
节

——————　**繁简之争：精简指令集**　—————— 043

CISC 和 RISC 区别有多大？　044

CISC 和 RISC 的融合　047

高端 CPU 指令集包含什么内容？　048

第
3
节

——————　**第一次抽象：汇编语言**　—————— 050

硬件的语言：汇编语言　051

为什么现在很少使用汇编语言了？　052

汇编语言会消亡吗？　054

第
4
节

——————　**做 CPU 就是做微结构**　—————— 055

CPU 的电路设计：微结构　056

可售卖的设计成果：IP 核　057

IP 核的"软"和"硬"　058

攒芯片：SoC　　　　　　　　　　　　059

像 DIY 计算机一样"攒 CPU"　　　　　060

第 **5** 节　————————　**解读功耗**　————　062

什么是功耗？　　　　　　　　　　　063

有哪些降低功耗的方法？　　　　　　065

第 **6** 节　————————　**摩尔定律传奇**　————　066

摩尔定律会失效吗？　　　　　　　　067

什么是 Tick-Tock 策略？　　　　　　068

Tick-Tock 模型的新含义："三步走"　069

为什么 CPU 性能提升速度变慢了？　070

第 **7** 节　————————　**通用还是专用？**　————　072

CPU 和操作系统的关系　　　　　　073

什么是异构计算？　　　　　　　　　077

专用处理器有哪些？　　　　　　　　079

通用处理器也可以差异化　　　　　　080

第 **8** 节　——　**飘荡的幽灵：后门和漏洞**　——　081

什么是 CPU 的后门和漏洞？　　　　082

谁造出了后门和漏洞？　　　　　　　082

典型的 CPU 后门和漏洞　　　　　　084

操作系统怎样给 CPU 打补丁？ 086

在哪里可以查到 CPU 的最新漏洞？ 087

怎样减少 CPU 的安全隐患？ 088

CPU 原理篇　　现代高性能 CPU 架构与技术

第 **1** 节 —————————— 理论基石 ———— 091

CPU 的 3 个最重要的基础理论 092

研制 CPU 有哪些阶段？ 092

学习 CPU 原理有哪些书籍？ 096

为什么电路设计比软件编程更难？ 098

第 **2** 节 ——————— EDA 神器 ———— 101

CPU 的设计工具：EDA 102

哪些国家能做 EDA？ 103

有没有开源的 EDA？ 104

像写软件一样设计 CPU：Verilog 语言 105

从抽象到实现：设计 CPU 的两个阶段 108

第 **3** 节 ——————— 开天辟地：二进制 ———— 110

二进制怎样在 CPU 中表示？ 111

从二进制到十进制：CPU 中的数值 113

从自然数到整数：巧妙的补码 114

CPU 中怎样表示浮点数？　115

第 4 节　—— **CPU 的天职：数值运算** ——　117

CPU 怎样执行数值运算？　118

什么是 ALU？　119

什么是寄存器？　120

第 5 节　—— **流水线的奥秘** ——　123

什么是 CPU 的流水线？　124

流水线级数越多越好吗？　126

第 6 节　—— **乱序执行并不是没有秩序** ——　128

什么是动态流水线？　129

动态流水线的经典算法：Tomasulo　131

什么是乱序执行？　133

乱序执行如何利用"寄存器重命名"

处理数据相关性？　133

乱序执行的典型电路结构　135

乱序执行如何处理例外？　136

回顾：乱序执行的 3 个最重要概念　138

第 7 节　—— **多发射和转移猜测** ——　139

什么是多发射？　140

什么是转移猜测？ 141

第 8 节 —————— 包纳天地的内存 —————— 144

CPU 怎样访问内存？ 145

内存多大才够用？ 146

什么是访存指令的"尾端"？ 147

什么是缓存？ 148

缓存的常用结构 149

什么是虚拟内存？ 151

第 9 节 —————— CPU 的"外交" —————— 153

什么是 CPU 特权级？ 154

中断和例外有什么不同？ 155

CPU 怎样做 I/O？ 156

高效的外设数据传输机制：DMA 157

CPU 系统篇　由 CPU 组成完整计算机

第 1 节 —————— 操作系统和应用的桥梁 —————— 161

什么是系统调用？ 162

应用程序怎样执行系统调用指令？ 163

第 2 节 ——— **专用指令发挥大作用** ——— 165

什么是向量指令？ 166

CPU 怎样执行加密、解密？ 167

第 3 节 ——— **虚拟化：逻辑还是物理？** ——— 169

什么是虚拟化？ 170

什么是硬件虚拟化？ 171

第 4 节 ——— **可以信赖的计算** ——— 173

CPU 怎样支持可信计算？ 174

可信模块怎样集成到 CPU 中？ 176

第 5 节 ——— **从一个到多个：并行** ——— 177

人多力量大：多核 178

不止一个芯片：多路 178

流水线和线程的结合：硬件多线程 180

用于衡量并行加速比的 Amdahl 定律 182

第 6 节 ——— **并行计算机的内存** ——— 184

并行计算机的内存结构：SMP 和 NUMA 185

并行计算机的 Cache 同步 186

并行计算机的 Cache 一致性 187

什么是原子指令？ 188

第 **7** 节 ────── **集大成：从 CPU 到计算机** ────── 190

总线：计算机的神经系统　191

从 CPU 到计算机：主板　192

CPU 运行的第一个程序：BIOS 固件　194

协同工作：在 WPS 中敲一下按键，计算机里发生了

什么？　197

计算机为什么会死机？　199

CPU 生产制造篇　　从电路设计到硅晶片的实现

第 **1** 节 ────── **化设计为实物** ────── 203

CPU 是谁生产出来的？　204

CPU 设计者为什么要"上知天文、下知地理"？　205

什么是 CPU 的纳米工艺？　206

第 **2** 节 ────── **硅晶片的由来** ────── 208

为什么要把硅作为生产芯片的首选材料？　209

CPU 的完整生产流程　209

生产芯片的 3 种基本手法　212

第 **3** 节 ────── **模拟元器件** ────── 214

基本电路元件：电阻、电容、电感　215

模拟电路的"单向开关"：二极管　　217

模拟电路的"水龙头"：场效应管　　218

模拟电路器件集大成者　　220

第 4 节

────── **数字元器件** ──────　221

数字电路的基本单元：CMOS 反相器　　222

数字电路器件集大成者　　223

电路的基本单元：少而精　　224

第 5 节

────── **交付工厂** ──────　225

版图是什么样的？　　226

CPU 的制造设备从哪里来？　　228

CPU 代工和封测厂商有哪些？　　229

CPU 的成本怎么算？　　231

第 6 节

────── **怎样省钱做芯片？** ──────　233

不用流片也可以做 CPU：FPGA　　234

使用纯软件的方法做 CPU：模拟器　　235

第 7 节

────── **明天的芯片** ──────　237

先进的制造工艺：SOI 和 FinFET　　238

"后FinFET时代"何去何从？　　239

CPU 家族篇　经典 CPU 企业和型号

第 1 节 ———————— 从上古到战国 ———————— 241

上古时代：有实无名的 CPU 242

上古时代 CPU 什么样？ 242

战国时代：百花齐放的商用 CPU 厂商 245

第 2 节 ———————— 巨头寻踪 ———————— 249

大一统时代：Intel 的发家史 250

AMD 拿什么和 Intel 抗衡？ 252

第二套生态：ARM 崛起 253

苹果公司的 CPU 硬实力 255

百年巨人：IBM 的 Power 处理器 257

第 3 节 ———————— 小而坚强 ———————— 260

教科书的殿堂：MIPS 261

RISC-V 能否成为明日之星？ 262

第 4 节 ———————— 世界边缘 ———————— 265

日本如何失去 CPU 主导权？ 266

欧洲重振处理器计划 267

韩国的 CPU 身影 268

CPU 生态篇　　解密软件生态

第 1 节
　　　　　　　　　　生态之重　　　　　　 271
CPU 厂商为什么要重视生态?　　　　　　 272
Inside 和 Outside:CPU 公司的两个使命　 273
CPU 和应用软件之间的接口　　　　　　　 274
软件生态的典型架构　　　　　　　　　　 275

第 2 节
　　　　　　　　　　开发者的号角　　　　 278
生态先锋:软件开发者　　　　　　　　　 279
操作系统是怎样"做"出来的?　　　　　　 280
虚拟机:没有 CPU 实体的生态　　　　　　 282

第 3 节
　　　　　　　　　解决方案如何为王　　　 285
生态的话语权:解决方案为王　　　　　　 286
计算机 CPU 赚钱,手机 CPU 不赚钱?　　 287
中国 IT 产业的根本出路:建自己的生态体系　 288

第 4 节
　　　　　　　　　　生态的优点　　　　　 290
优秀生态的 3 个原则:开放、兼容、优化　 291
优秀生态的范例:Windows-Intel、
Android-ARM、苹果　　　　　　　　　　 291
松散型的生态:Linux　　　　　　　　　　 293

第
5
节

───────── **生态的方向** ───────── 296

生态的外沿：不止于解决方案 297

CPU 厂商：不同的营利模式 299

应用商店：生态成果阵地 300

生态无难事，只要肯登攀 302

中国 CPU 篇　　"技术—市场—技术"的历史循环

第
1
节

───────── **CPU 旧事** ───────── 305

为什么要做 CPU？ 306

发展 CPU 技术的两条路线 307

我国计算机事业的 3 个发展阶段 308

缺芯少魂：中国 IT 之痛 309

第
2
节

───────── **龙的声音** ───────── 311

龙芯极简史 312

龙芯主要型号 313

龙芯曾经的"世界先进水平" 314

从学院派到做产品 316

龙芯性能有多高？ 317

第
3
节

───────── **龙之生态** ───────── 319

核心技术只能在试错中发展 320

龙芯指令集 321

社区版操作系统：支撑软件生态 323

龙芯"内生安全"特色 324

在试错中趋于成熟 326

第 **4** 节 ——————— 未来已来 ——————— 328

"泛生态"体系正在形成 329

从零开始造计算机：龙芯教育理念 331

多种路线的中国 CPU 企业 332

未来已来：龙芯生态发展方向 333

推荐阅读

CPU 概览篇

时代与机遇

CPU 时代

一个有纸、笔、橡皮擦并且坚持严格的行为准则的人，实质上就是一台通用图灵机。

——艾伦·图灵（1912—1954）

中国科学院大学 2019 年本科新生录取通知书里的龙芯 3 号 CPU

信息社会的基石：CPU

CPU = 运算器 + 控制器

计算机是一种可以执行计算功能的自动化设备。在信息社会中，无数的计算机每天都在执行大量的信息处理和计算工作，本来属于人的工作可由计算机自动完成，大大提高了社会生产力。

1946 年，世界上第一台通用数字计算机 ENIAC 在美国宾夕法尼亚大学被制造出来，标志着人类社会进入信息化时代。

按照经典的计算机结构模型，一台计算机由 5 大部分组成：运算器、控制器、存储器、输入设备、输出设备。计算机科学先驱冯·诺依曼（又译作冯·诺伊曼）在 1945 年写成论文 *First Draft of a Report on the EDVAC*，以 101 页的篇幅描述了计算机的结构模型，奠定了现代计算机的结构基础，如图 1.1 所示。

2.0 MAIN SUBDIVISIONS OF THE SYSTEM

2.1	Need for subdivisions	1
2.2	First: Central arithmetic part: CA	1
2.3	Second: Central control part: CC	2
2.4	Third: Various forms of memory required: (a)–(h)	2
2.5	Third: (Cont.) Memory: M	3
2.6	CC, CA (together: C), M are together the associative part. Afferent and efferent parts: Input and output, mediating the contact with the outside. Outside recording medium: R	3
2.7	Fourth: Input: I	3
2.8	Fifth: Output: O	3
2.9	Comparison of M and R, considering (a)–(h) in 2.4	3

图 1.1 冯·诺依曼 1945 年写的论文的目录，确立了计算机的 5 大组成部分

冯·诺依曼体系结构是现代计算机共同的模型（见图 1.2），现在已经成为每个计算机专业学生在大学必学的知识。无论是高性能的大型科学计算机，还是我们身边的台式计算机、手机，都遵从冯·诺依曼体系结构。

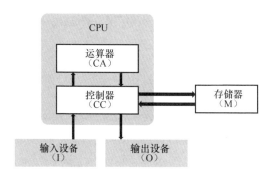

图 1.2　冯·诺依曼体系结构

抽象地讲，计算机的主要工作原理如下。

（1）5 个部分之间由通信线路进行连接。

（2）要运行的任务（程序）保存在存储器（M）中。程序以连续排列的指令为单位组成，每条指令包含了一项计算操作。

（3）计算机启动后，控制器（CC）从存储器中依次读取指令，将指令包含的信息传送到运算器（CA）中，由运算器解析指令的功能、执行数值运算。

（4）指令执行时，有可能需要从外界读取要加工的数据；控制器向输入设备（I）发出消息，由输入设备把数据传送到计算机的内部。

（5）指令执行结束后，控制器可以把运算器的计算结果存入存储器；控制器也可以向输出设备（O）发出消息，由输出设备把计算结果传送到计算机的外部。

（6）控制器再从存储器中读取下一条指令并送入运算器。

（7）上述"取指令—执行指令—保存结果"的过程多次重复执行，直到程序的最后一条指令执行完成。

这样整个程序就运行结束了，计算机的使用者得到了期望的计算结果。

在实际的计算机中，运算器、控制器两部分经常被一起设计，二者合称为中央处理器（Central Processing Unit，CPU）。CPU 的主要任务就是由控制器指挥计算机中的其他部件一起协同工作，并且由运算器执行数值计算。

CPU 是计算机中最重要的芯片。CPU 每时每刻都在驱动着信息化社会的运转，就像汽车中的发动机一样，是全世界不可缺少的基石。

电脑之心：CPU 在计算机中的地位

CPU 在计算机中的地位，就像大脑在人体中的地位

CPU 经常被称作"电脑之心"，是当之无愧的计算机中枢。

CPU 指挥计算机中的其他部件工作。CPU 是程序的调用者和运行者，程序的每一条指令都要经过 CPU 的解析和执行。外界向计算机输入数据，需要 CPU 进行接收；程序运行结束后，需要 CPU 发出指示才能把计算结果输出给外界。

CPU 是计算机中最复杂的芯片。CPU 采用的是超大规模集成电路，现代的芯片制造技术可以在一根头发丝的宽度上排列 1000 根电路连线。台式计算机中的一个芯片就能包含 50 亿个晶体管，而人脑中的神经元的数量也就在 800 亿个左右。一台计算机中，CPU 是复杂度最高、工作最繁忙的部件。主流 CPU 中的晶体管数量见表 1.1。

表 1.1　主流 CPU 中的晶体管数量

CPU	制造工艺	核数	晶体管数量（个）
Apple M1	5nm	8	160 亿
Intel Haswell GT2 4C	22nm	4	14 亿
AMD Vishera 8C	32nm	8	12 亿
Intel Sandy Bridge 4C	32nm	4	9.95 亿
Intel Lynnfield 4C	45nm	4	7.74 亿

CPU 承载了计算机中最本质的技术原理。CPU 的架构从根本上定义了一台计算机的核心功能，CPU 原理涵盖了整个计算机大部分的运行过程。一本计算机原理书会用最大篇幅讲述 CPU 的原理。因此对于计算机原理的学习者来说，从 CPU 入手是最直接的途径，也是必由之路。

从大到小：CPU 外观的变化

从 70 多年前的早期计算机到现在的手机，CPU 的基本原理不变

电子计算机的发展已经有 70 多年的历史，制造工艺历经电子管、晶体管、集成电路（Integrated Circuit，IC）等多个阶段，体积不断变小，计算速度不断提升。

在计算机发明的最初年代，计算机的特点就是"体积大"。看老照片就可以发现，一台计算机要占用多个房间，一个 CPU 要占据几个机柜的空间。

到 20 世纪 70 年代，得益于集成电路技术，个人计算机的 CPU 能做成几厘米见方的一个芯片。

而在如今的移动计算年代，手机、平板电脑的 CPU 只是芯片里面集成的

一个几毫米见方的电路模块，只有把芯片打开才能看到里面的 CPU。

三代 CPU 的外观如图 1.3 所示。

CPU（中间的黑色模块）

图 1.3　三代 CPU 的外观：机柜、独立芯片、芯片内的电路模块

但是，从最初的"大计算机"到现在的手机，其原理和架构是一脉相传的。现在的计算机、智能设备中都要有一个 CPU，虽然它们的计算能力已经远远超过 ENIAC，但是仍然处处体现出它们是计算机前辈的"缩影"。

国之重器：CPU 为什么成为信息技术的焦点？

CPU 影响国家经济发展和信息安全

有没有想过，小小的 CPU 为什么会成为国之重器？

在全球范围内，高端 CPU 的设计技术被少数发达国家的企业掌握，CPU 不可避免地成为国家之间博弈的筹码。如果一个国家没有自己的 CPU 企业，在信息系统中只能大量采用国外 CPU 产品，那么无论是台式计算机、服务器，还是工业控制等领域广泛使用的高性能 CPU，都无法摆脱被国外产品长期垄断的命运。

从经济角度看，每年从国外进口的 CPU 数量巨大，信息产业的高额利润大部分被国外厂商赚取；从知识产权角度看，进口 CPU 的知识产权被国外把控，高端技术难以引进；从信息安全角度看，国外产品往往不提供设计资料和源代码，使用过程中经常出现后门和漏洞，国家的重要信息数据有被窃取和泄露的巨大风险。CPU 在计算机、通信设备、工业控制设备中使用广泛，CPU 的缺少会导致企业的产品生产和经营活动受到严重影响。

CPU 就像发动机、航空航天技术一样，是人类创造出来的高精尖技术。对于强烈依赖信息技术来驱动技术转型、实现产业升级的国家，掌握 CPU 技术成为影响一国经济发展和信息安全的焦点。

CPU 分成哪些种类?

世界上第一款商用计算机微处理器是 1971 年发布的 Intel 4004

CPU 家族庞大，种类繁多，可以按不同的方式进行分类，如图 1.4 所示。

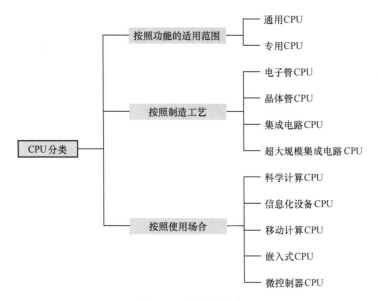

图 1.4 CPU 的多种分类方式

按照功能的适用范围，可以将 CPU 分成通用 CPU 和专用 CPU。

- 通用 CPU 可以用在不同的场合，不局限于某一种应用，在设计上往往采用共性的结构，运行常用的操作系统、应用软件。常见的台式计算机、服务器、笔记本计算机、手机中的 CPU 都属于通用 CPU。

- 专用 CPU 面向某一应用领域专门设计，往往采用特殊结构来最大化发挥其在该领域的优势，也可以牺牲掉不必要的功能。专用 CPU 运行的操作系统也往往是根据需求定制的。例如在汽车上，面向整车状态监测而专门设计一个 CPU，只用于监测特定的物理量，软件固化烧写在 CPU 内部的存储模块中。在可穿戴设备中，针对节省电能的要求设计的结构简单、低主频、低功耗的 CPU。在智能门锁中，为了支持按键、刷卡、蓝牙等多种开锁方式而专门设计的低功耗 CPU。

按照制造工艺，可以将 CPU 分成电子管 CPU、晶体管 CPU、集成电路 CPU，以及超大规模集成电路 CPU。

- 电子管 CPU 是第一代，使用时间从 1945 年到 20 世纪 50 年代末。

- 晶体管 CPU 是第二代，主要活跃于 20 世纪 50 年代末到 20 世纪 60 年代。1954 年，美国贝尔实验室研制出世界上第一台全晶体管计算机 TRADIC，装有 800 个晶体管。

- 集成电路 CPU 是第三代，始祖是 1971 年发布的 Intel 4004，这也是世界上第一款商用计算机微处理器，在一块芯片上集成 2250 个晶体管。

超大规模集成电路 CPU 是第四代，一般是指所包含的晶体管数量庞大（例如超过 100 万个）的芯片。龙芯 CPU 也属于这一代。

按照使用场合，可以将 CPU 分成科学计算 CPU、信息化设备 CPU、移动计算 CPU、嵌入式 CPU、微控制器 CPU。按这一顺序，CPU 的性能逐渐降低，而使用数量呈指数级增长。

科学计算 CPU 的特点是数值计算能力强，计算单元多，适合于大量 CPU（几千个及以上）互相连接组成计算集群。科学计算 CPU 主要用于高性能的超级计算机。

信息化设备 CPU 通常指台式计算机、服务器、笔记本计算机中的 CPU，特点是计算能力受应用需求的发展牵引，兼顾计算性能、成本、功耗的均衡设计。

移动计算 CPU 通常指手机、平板电脑中的 CPU，特点是注重控制功耗、面积，倾向于采用世界最先进的制造工艺，经常和移动通信模块共同组合成一个电路芯片。

嵌入式 CPU 一般性能较低，功耗也相应较低，成本低，自带面向控制领域的丰富接口，大量用在工业控制和电子设备上。

微控制器 CPU 则比嵌入式 CPU 更为低端，虽然体积小，但是用量巨大。现在只要是带有智能控制功能的电子设备都会包含微控制器，甚至我们每个人身上都可能携带了好几个微控制器。未来一旦真的实现"万物互联"，微控制器将无处不在。

微观巨系统：为什么说 CPU 是世界难题？

在一根头发丝的宽度上排列几千根电路连线

CPU 是一个典型的微观巨系统，可以算是人类制造出来的最精密、最复杂的工程产品。

1. 电路设计复杂

CPU 是所有集成电路中最复杂的。CPU 核心源代码至少上百万行，模块之间存在复杂的网状调用关系，复杂度随代码行数的增加呈指数级增长。高端 CPU 集成了一个电路设计企业多年的经验。一个缺乏 CPU 设计技术知识的人员，即使拿到一个 CPU 的源代码，也几乎不可能在短时间内读懂、消化和掌握。

CPU 集成了高性能计算的理论研究成果。随着计算机结构的发展，CPU 也不断加入新的学术成果，例如流水线、动态调度、多发射、猜测执行等高级机制。几十年来大量计算机科学家不遗余力地挖掘性能"油水"，每一轮发展都会使 CPU 的复杂性提升一截。

2. 生产工艺复杂

CPU 的生产制造更需要世界级的高端装备。半导体电路进入纳米时代，这意味着晶体管本身的最小尺寸、两个晶体管之间的最小距离都已经进入纳米级别的微观尺度。例如手机 CPU 已经采用 7nm 工艺来生产，相比之下，硅原子的直径约 10^{-10}m，这样算来，1nm 与 10 个硅原子连接起来的长度相近，芯片中两个晶体管之间的最小距离也就是不到 100 个硅原子！全球能够制造这样精密芯片的企业不超过 5 家。

3. 工程细节复杂

CPU 产品还要考虑大量工程细节，例如结构参数、材料、制造、可靠性，这些知识的广度和深度都超过了科学原理。因此在 CPU 团队中不仅需要多方面的复合型人才，更需要这些人才在实践中长期磨合。

CPU 的开发过程不能全靠自动化的设计工具，反而强烈依赖于人工设计。开发简单芯片只需要使用电子设计自动化（Electronic Design Automation，EDA）工具，再加上一种类似于 C 语言的电路描述语言就能快速实现芯片设计需求。而为了增强性能、降低功耗，CPU 的核心模块经常需要手工定制电路，可以理解为在纳米级尺度的电路板上对晶体管进行"排兵布阵"。因此，电路定制能力是 CPU 厂商实力的一个核心标志。

4. 软件生态复杂

CPU 需要建设配套的软件生态，其复杂性远远超过 CPU 本身。CPU 作为计算机中的元器件，本身是无法独立工作的，必须要有相配合的操作系统、编译器、开发环境、应用软件才能发挥其使用价值。这些软件也都是超过千万行代码的大型系统，需要 IT 产业中很多厂家的协作。

硅谷的企业之所以保持领先地位，除了技术先进之外，更重要的是形成了产业合作的集聚力量、遵循了建设生态的成功模式（见图 1.5），从而能实现生态的垄断。20 世纪 90 年代 Windows-Intel 的组合能够称霸个人计算机（Personal Computer，PC）业界，得益于其在生态方面的成功远远超过技术本身。

总的来说，做出 CPU 是容易的，难的是做出高端 CPU。中国有很多厂商做中低端 CPU，例如嵌入式 CPU、微控制器 CPU，这些是比较容易开发出来的。很多学校计算机专业都讲解 CPU 原理，稍有能力的本科生都可以做出能够工作的 CPU 原型。开源社区上能找到很多低端 CPU 的设计资料，甚至还有很多"自制 CPU 教程"的图书。

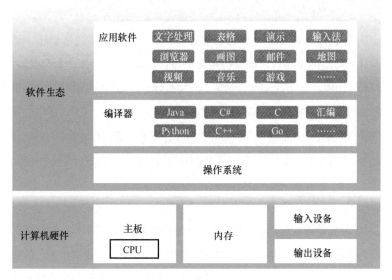

图 1.5　软件生态和计算机硬件

但是高端 CPU 仍然属于 IT 行业的明珠，在台式计算机、服务器、科学计算中使用的 CPU，放眼全球也只有不到 10 个技术先进的国家能做出来。

第 2 节 CPU 性能论

如果汽车的进步周期能同步计算机的发展周期的话，今天一辆劳斯莱斯仅值 100 美元，每加仑可跑 100 万英里。

——Robert X. Cringely，技术作家

[注：1 加仑（gal）≈ 4.5L，1 英里（mile）≈ 1.6km]

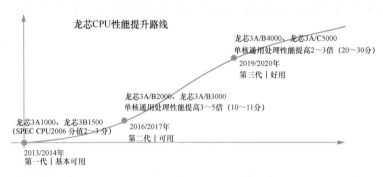

龙芯 CPU 性能提升路线

CPU 怎样运行软件?

计算机 = 程序 + 存储

计算机系统由硬件和软件组成。硬件是指物理实体,包括电子设备和机械设备。软件是指在硬件上面存储和处理的信息,本身没有物理实体。

生活中还能找到很多类似的硬件和软件。电视机本身是硬件,而电视机播放的节目是软件。U 盘是硬件,而 U 盘上存储的文档、音乐、电影、游戏是软件。

CPU 显然属于硬件,而 CPU 上运行的程序属于软件。硬件和软件是怎样配合工作的呢? 下面以一个最简单的计算机的例子来展示,如图 1.6 所示,这个计算机的功能为"汉字生成器",代号为 CHN-1 型。

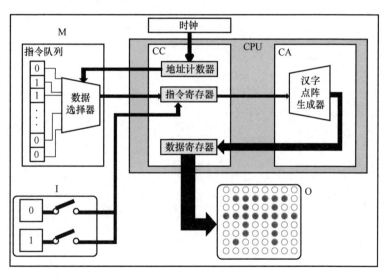

图 1.6 CHN-1 型计算机

存储器(M)保存了连续的二进制编码序列,每一个单元会保存 0 或 1,

分别代表要在显示屏上输出的汉字是"关"或"开"。这样的一个二进制单元代表了计算机要执行的一项独立的操作，称为"指令"。多个指令构成一串连续执行的操作，称为"指令队列"，也称为"程序"。

控制器（CC）在一个时钟模块的驱动下工作。时钟模块以一定频率向控制器发出信号，这个频率称为计算机的"主频"。每次这个信号到来时，控制器内部的地址计数器会增加1。地址计数器的内容发送给存储器中的数据选择器，数据选择器会把指令队列中对应该地址的单元内容发送给控制器，并保存在控制器内部的一个存储单元中。控制器内部的存储单元称为"寄存器"。由于从存储器中取出的数据代表指令，因此这个单元称为"指令寄存器"。

运算器（CA）在这台计算机中是一个汉字点阵生成器。控制器把指令寄存器中的内容发送给运算器，运算器根据输入的指令是0还是1，输出对应汉字"关"或"开"的点阵。每个汉字用8×8的点阵来表示，每个点叫作"像素"。运算器的输出是64位二进制数据，保存在控制器的另外一个存储单元中。由于运算器的输出属于计算结果的数据，因此这个单元称为"数据寄存器"。

输入设备（I）包含两个开关。其中一个开关连接着一个固定输出"0"的模块，使用者按下开关后，会把一个常量0输出到控制器的指令寄存器中，覆盖存储器中读出的指令。另外一个开关用于固定输出"1"。这样的输入设备给使用者提供了干预程序运行的手段，作用类似于实际计算机的键盘、鼠标。

输出设备（O）是一个8像素×8像素的汉字显示器，从控制器的数据寄存器中获取64位汉字点阵，根据每一位的0、1值决定每一个像素的亮、灭，表现为汉字的"关"或"开"。

上述 5 个部件联合工作，使得整个计算机按照时钟频率切换显示器的汉字内容。

CPU 由控制器、运算器两部分组成，所运行的软件就是存储器中的指令队列，软件的执行结果体现为计算机显示的汉字信息。如果想要改变计算机显示的汉字信息，只需要修改存储器中的指令队列，而不用修改计算机的硬件，计算机运行模型如图 1.7 所示。

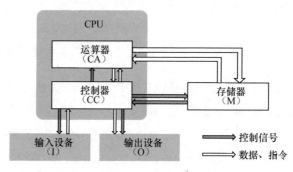

图 1.7　计算机运行模型

虽然这个计算机运行模型极为简单，但是它已经体现出电路硬件怎样存储和执行软件。归根到底，软件无非是 0 和 1 组成的序列，而硬件是能够"理解" 0 和 1 的数字电路，硬件能够对 0 和 1 进行存储、传送、加工，因此软件世界和硬件世界能够衔接起来。

虽然计算机内部使用 0 和 1 的二进制，但是在输出到计算机外部时可以转换成方便人类理解的自然表示方式，例如以汉字显示，这样又把计算机世界和人类世界衔接起来了。

这个模型还体现出了冯·诺依曼体系结构的基本思想：计算机 = 程序 + 存储。程序输入计算机中，计算机能够自己指挥自己工作，不再像之前的机器一样需要工人来操作。计算机的出现大幅提升了自动化水平，这是划时代的革命。

主频越高，性能就越高吗？

有很多种方法造出"主频低、性能高"的计算机

为了正确认识计算机的性能，首先要定义性能的实质含义。性能可以用"计算机在单位时间内完成多少计算量"来衡量。

主频是 CPU 工作的时钟频率，是计算机的一个重要参数。对于一台计算机来说，主频越高，显然计算机在单位时间内能完成的工作就越多。仍然以前文所述的精简计算机模型 CHN-1 为例，通过提高时钟模块的频率，可以提升 CPU 的主频，这意味着汉字切换速度更快。宏观上看，在一段时间内有更多的汉字得到显示。

但是，任何计算机中的主频都不是无限提升的。在晶体管电子计算机中，数据从一个模块传输到下一个模块是需要时间的，运算器中进行的数据加工处理也是需要时间的，计算机运行流程如图 1.8 所示。所有数据通路上的传输时间，再加上运算器的加工处理时间，决定了执行每一条指令的最短时间，也决定了计算机正常工作的最高主频。如果时钟频率过高，会导致一条指令还没执行完，下一条指令又在等待处理，计算机会进入不可控状态。

图 1.8　计算机运行流程

采用更先进的半导体生产工艺，可以提高芯片内晶体管的密度，减少数据传输的最小时延，这是突破最高主频瓶颈的一种方式。

但是主频并不是性能的唯一决定因素。我们同样可以造出一台"主频低、性能高"的计算机 CHN-2。工程师可以在以下方面改进设计。

（1）输出设备扩容，能够同时显示 4 个 8 像素 ×8 像素的汉字。

（2）存储器中的指令队列扩容，每条指令由 1 位改成 4 位，每条指令保存的是 4 个"开"或"关"命令。

（3）控制器中的指令寄存器也扩容到 4 位，每次能够从存储器中读取 4 条指令。

（4）运算器中的汉字点阵生成器扩充为 4 个，能够同时转换 4 个汉字的点阵。

（5）控制器中的数据寄存器由 64 位改为 256 位，把 4 个汉字点阵输出到显示器。

改进后的 CHN-2 计算机有什么优点呢？ CHN-1 每次显示一个汉字，是"串行"计算机；而 CHN-2 能每次处理 4 个汉字，是"并行"计算机，如图 1.9 所示。CHN-2 的主频可以低于 CHN-1，例如只有 CHN-1 主频的 1/4，但是在相同时间内 CHN-2 显示的汉字数量与 CHN-1 是相同的，所以 CHN-2 与 CHN-1 的性能也是相同的，这样就推翻了"主频高的计算机性能一定高"的论断。

上面展示的 CHN-2 的例子，是通过增加硬件并行度来提升计算性能的典型方法。

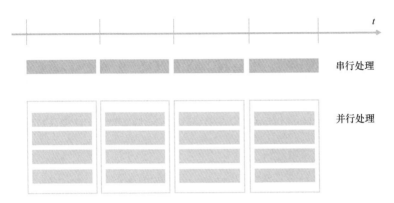

图 1.9 串行处理和并行处理

需要注意的是，CHN-2 性能的提升，是建立在增加成本的基础上的。CHN-2 每一条指令包含的汉字数量是 CHN-1 的 4 倍，这意味着CHN-2 指令包含的内容信息更丰富了，用专业术语说就是"单条指令的语义更强"。CHN-2 必须提高各个组成部分的硬件处理能力，包括提高队列容量、增加数据通路宽度、增加加工单元个数，这些都将增加设计难度，也使各个部分的晶体管数量成倍增长。

为什么 MIPS 和 MFLOPS 不能代表性能？

单位时间内执行的指令数量不能体现性能

早期的计算机主要用于科学计算，衡量性能的指标有"每秒执行的百万级机器语言的指令数量"（Million Instructions Per Second，MIPS），以及"每秒执行的百万级机器语言的浮点指令数量"（Million Floating-point Operations per Second，MFLOPS）。从定义来看，这两个指标只关注单位时间内执行的指令数量，比较适用于高性能计算机这种计算模式单一的场景。

但是 MIPS 和 MFLOPS 的定义有固有的缺陷。不同的计算机中，每一条指令所代表的功能含义是不同的，例如 CHN-2 的一条指令所显示的汉字信息是 CHN-1 的 4 倍。所以单纯用指令数量是无法体现计算机的性能的。

现在 MIPS 和 MFLOPS 只在很狭窄的高性能计算机领域得以沿用。

面向问题的性能评价标准：SPEC CPU

性能的真正含义是在更短的时间内解决问题

现在业界更多地采用"面向问题"（Problem-oriented）的性能评价标准。它的基本思想是从实际生活中挑选一些有代表性的计算问题，再在计算机上使用软件解决这些问题。软件运行的时间越短，则计算机的性能越高。

面向问题的性能评价标准屏蔽了计算机本身的硬件参数，不再考虑主频、指令这种实现层面的因素，所得出的结果更符合性能的本质意义——计算机在单位时间内完成多少计算量，因此得到广泛接受。

国际上使用的计算性能测试工具有 SPEC CPU，其网站如图 1.10 所示。这个工具从典型的实际应用中抽取几十个计算问题，涉及的领域有文件压缩、国际象棋求解、有限元模型、分子动力学、大气学、地震波模拟，等等。对每一个问题，使用高级程序语言编写了标准的计算软件，并且规定好输入数据。使用高级程序语言的好处是，软件代码用 C 语言、Fortran 等和 CPU 无关的语言编写，能够在任何计算机上运行。

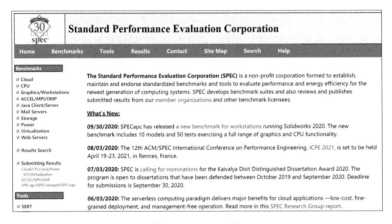

图 1.10　SPEC CPU 网站

在被测试的计算机上，使用编译器对 SPEC CPU 软件进行编译，并且运行一次，如果计算机得出了正确结果，那么运行时间越短则代表计算机的性能越高。国际知名的 CPU 企业都会把测试结果提交到 SPEC CPU 网站上（spec.org），供外界公开查询。

随着计算机的发展，SPEC CPU 工具也持续升级，先后在 2000 年、2006 年、2017 年推出新版本。例如，早期版本的数据量非常小，在当前的计算机上很快运行就结束了，因此新版本增大了测试集的输入数据量；早期版本只测试一个 CPU，而现在的计算机都包含多个 CPU，因此后来又支持了多个 CPU 同时测试；早期版本主要体现 CPU 计算性能，但是现在的计算机有很多是用在服务器、云计算领域，更关注数据传输性能，因此新版本也增加了 CPU 与内存、外围设备（简称外设）交换数据的测试因素。

除了 SPEC CPU 之外，业界还推出了很多其他的测试工具。例如，专门用于访存性能的测试工具 STREAM，用来测试 CPU 对内存的访问速度。这个工具运行时会对内存发起大量数据请求，如果数据在更短时间内传输完成，则代表访存性能更高。其他的测试工具还有针对嵌入式应用的 EEMBC，该软件非常简单，数据量很小，很适合在低性能的 CPU 上测试。

性能测试工具的局限性

"完美的测试集" 不存在

性能测试工具的名称虽然叫作 SPEC CPU，但是本质上测试的是硬件和软件的联合性能。SPEC CPU 本身是用高级语言编写的，需要经过编译器、操作系统的支持才能运行。现代计算机系统是硬件和软件联合工作，软件也是决定性能的重要因素。

性能测试工具的局限性具体如下。

第一个局限性是编译器对 SPEC CPU 分值的影响。在同样的 CPU 上，优化编译器是可以提升软件执行效率的。编译器是把高级语言源代码转换成 CPU 所能执行的二进制指令的软件。优秀的编译器能够使用更多的优化算法，生成更高效的二进制指令。例如 Intel 公司自己开发了编译器 icc，效率能比开源的编译器 gcc 高 50% 以上。Intel 公司提交到 SPEC CPU 网站上的数据都是使用 icc 编译的，SPEC CPU 测试报告如图 1.11 所示。

SPEC CPU®2017 Integer Speed Result

Copyright 2017-2020 Standard Performance Evaluation Corporation

ASUSTeK Computer Inc.
ASUS ESC8000 G4(Z11PG-D24) Server System
(2.10 GHz, Intel Xeon Gold 5218R)

SPECspeed®2017_int_base = 11.7
SPECspeed®2017_int_peak = 12.0

CPU2017 License:	9016	Test Date:	Jun-2020
Test Sponsor:	ASUSTeK Computer Inc.	Hardware Availability:	Feb-2020
Tested by:	ASUSTeK Computer Inc.	Software Availability:	Apr-2020

Benchmark result graphs are available in the PDF report.

Hardware

CPU Name:	Intel Xeon Gold 5218R
Max MHz:	4000
Nominal:	2100
Enabled:	40 cores, 2 chips
Orderable:	1, 2 chip(s)
Cache L1:	32 KB I + 32 KB D on chip per core
L2:	1 MB I+D on chip per core
L3:	27.5 MB I+D on chip per chip
Other:	None
Memory:	768 GB (24 x 32 GB 2Rx4 PC4-2933Y-R, running at 2666)
Storage:	1 x 1 TB SATA SSD
Other:	None

Software

OS:	SUSE Linux Enterprise Server 15 SP1 Kernel 4.12.14-195-default
Compiler:	C C++: Version 19.1.1.217 of Intel C C++ Compiler Build 20200306 for Linux; Fortran: Version 19.1.1.217 of Intel Fortran Compiler Build 20200306 for Linux
Parallel:	Yes
Firmware:	Version 6102 released Dec-2019
File System:	xfs
System State:	Run level 3 (multi-user)
Base Pointers:	64-bit
Peak Pointers:	64-bit
Other:	jemalloc: jemalloc memory allocator library V5.0.1
Power Management:	BIOS and OS set to prefer performance at the cost of additional power usage

Results Table

Benchmark	Base						Peak					
	Threads	Seconds	Ratio	Seconds	Ratio	Seconds	Ratio	Threads	Seconds	Ratio	Seconds	Ratio	Seconds	Ratio
600.perlbench_s	40	**252**	**7.03**	253	7.01	252	7.04	40	221	8.03	219	8.09	**220**	**8.07**
602.gcc_s	40	364	10.9	360	11.1	**362**	**11.0**	40	349	11.4	346	11.5	**346**	**11.5**
605.mcf_s	40	237	19.9	**238**	**19.8**	239	19.8	40	237	19.9	**238**	**19.8**	239	19.8
620.omnetpp_s	40	159	10.3	159	10.5	**157**	**10.4**	40	159	10.3	155	10.5	**157**	**10.4**

图 1.11　一份 SPEC CPU 测试报告，Compiler 部分采用 Intel 公司的 C/C++ 编译器

但是这里有一个矛盾，实际应用中使用更多的是 gcc 而不是 icc，用 icc 编译应用程序的计算机 SPEC CPU 分值虽然高，但并不代表用 gcc 编译的应用软件性能就高。所以有人戏称 icc 只是为了提高跑分的目的而做的编译器，其结果反映的不是 CPU 性能而是编译器性能。

第二个局限性是测试工具所选的问题不代表所有应用场景的问题，SPEC CPU 分值高并不代表 CPU 运行所有的应用程序都能有好的效果。SPEC CPU 毕竟只包含几十个问题，而且主要是面向计算型应用。为了使 SPEC CPU 跑分高，完全可以在设计 CPU 时只注重提高计算性能，例如在 CPU 中多放置几个浮点计算单元，或者在一个芯片中放置更多的 CPU 核，同时运行，靠量取胜。

但是这样的 CPU 用在日常生活中是不合适的，像台式计算机和手机并不

处理这么多数值计算应用。就像有的手机运行跑分软件分值非常高，但是运行日常使用的拍照、聊天等应用反而卡顿。

"完美的测试集"只能存在于想象中，用户在使用 SPEC CPU 时需要清楚地知晓这些局限性，以免被数据误导。

虽然 SPEC CPU 有诸多不足，但是它目前仍然是衡量计算机性能的最权威工具。无论是修改编译器，还是为了跑分高而在 CPU 中加入专门的设计，都有"骗测试集"之嫌，但是想把 SPEC CPU 分值提高到一流水平仍然是需要硬实力的。

不推荐的测试集：UnixBench

使用开源软件时一定要查清它的明显缺陷，避免被其误导

UnixBench 是一款测试 UNIX 操作系统基本性能的开源工具。UnixBench 也适合所有兼容 UNIX 的操作系统的性能测试，例如 Linux、FreeBSD 等。

UnixBench 的主要测试项目有操作系统向应用程序提供的编程接口（系统调用）、程序创建、程序之间的通信、文件读写、图形测试（2D 和 3D）、数学运算、C 语言函数库等。

如果用户在网上寻找操作系统性能测试工具，几乎都会搜索到 UnixBench。但是，UnixBench 不适合作为性能测试标准，因为这个工具有很大的缺陷。

UnixBench 不能体现计算机的实际性能。UnixBench 于 1995 年推出，更新缓慢，2012 年之后项目基本停滞。作为计算机 UNIX 操作系统早期

的测试程序，UnixBench 测试项目较为老旧，对于当前计算机性能测试的参考意义有限，不适合作为评判指标。

这里仅列举两个 UnixBench 中问题最大的子项目。

◯ 在测试数学运算性能时使用 Dhrystone 和 Whetstone 程序。这两种测试不能代表现代高性能 CPU 的定点和浮点性能，因为程序执行模式过于简单，与实际应用的复杂程度差距大；测试集太小，对于内存的压力几乎没有，而实际应用与 CPU、内存的性能都有综合的关系。基于这个原因，业界已经不再使用 Dhrystone 和 Whetstone 程序，而是转向更专业的 SPEC CPU 工具。

◯ 在测试图形性能时使用 x11perf 程序。这种测试使用的是一种老旧的 UNIX 图像显示机制（x11），而现在的计算机都使用显卡硬件加速机制显示图像，大多数情况下不使用 x11 的显示机制，所以 x11perf 分值和计算机的实际图像性能没有直接关系。

龙芯 3A4000 的 UnixBench 测试数据如图 1.12 所示。正如上面所分析的，UnixBench 分值不能代表 CPU、操作系统的性能。使用 UnixBench 测试出来的分值会有很大的误导性，真正有意义的测试工具还是 SPEC CPU 和 STREAM。

类别		设备1：技术参数	单进程模式	4进程模式
CPU	型号	3A4000		
	核心数	4	876	2741.3
	主频	1800MHz		
内存		SK hynix DDR4 2666MHz 8GB*2		
硬盘		FORESEE 128GB SATA SSD		
操作系统		UOS(4.19.73+)	877.4	2721.6
编译器		GCC 7.3.1		

图 1.12　龙芯 3A4000 的 UnixBench 测试数据

人人可学 CPU

科学无难事。

——冯·诺依曼（1903—1957）

2020 年 7 月 25 日，中国科学院大学公布了首期"一生一芯"计划成果，由 5 位本
科生主导完成一款 64 位芯片设计并实现流片，芯片能成功运行 Linux 操作系统以
及学生自己编写的教学操作系统 UCAS-Core

从简单到复杂: CPU 的进化

CPU 从简单到复杂，是持续 70 多年的进化过程

CPU 的发展和生物进化有相似性，都是从简单到复杂，从低级到高级，从原始到智能。

1946 年研制的 ENIAC（见图 1.13）包含 17468 个电子管，每秒计算 5000 次加法，相当于 5 万人同时做手工计算的速度。以现在的眼光来看当然微不足道，但在当时是很了不起的成就，原来一个需要 20 多分钟才能计算出来的科学任务，在 ENIAC 上只要短短的 30s，缓解了当时极为严重的计算速度大大落后于实际需求的问题。

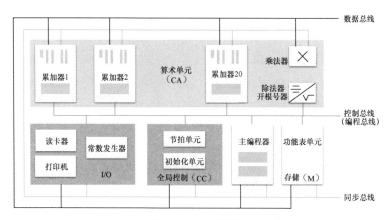

图 1.13　ENIAC 结构框图

1971 年 Intel 推出 Intel 4004（见图 1.14），整个 CPU 集成在一个 3mm×4mm 的硅芯片上，总共包含 2250 个晶体管。Intel 4004 采用 10μm 制程，运算速度达到每秒 6 万次。这样的紧凑体积使 CPU 不再只是科学家的计算工具，而是可以走向千家万户的计算工具，在台式计算

机上工作，这预示了 PC 时代的开启。

图 1.14　显微镜下的 Intel 4004 电路版图

龙芯 3A4000 在 2019 年推出（见图 1.15），芯片封装尺寸为 37.5mm×
37.5mm，峰值运算速度为 128GFLOP/s。龙芯 3A4000 可以在台式
计算机中执行复杂的信息处理工作，包括打字排版、上网、看在线视频、
玩 3D 游戏都游刃有余。龙芯 3A4000 还可以在服务器、云计算、大数
据、人工智能方面做更大规模的数据处理。

CPU 的芯片上集成晶体管的密度不断提升。人眼观察 Intel 4004 的电
路版图照片，还能隐约分辨出晶体管的外形轮廓。到龙芯的年代，晶体
管的尺寸已经小得难以分辨，只能看出很多晶体管聚集在一起，形成充
满了艺术感的色块区域。

CPU 的发展主要受三方面动力的驱使：第一是应用需求牵引，科学家需
要更快的计算速度，人们需要在 CPU 上运行更复杂的软件，拉动 CPU
实现更高性能；第二是生产工艺进步，半导体集成电路技术能够在单位

面积上制造更多的计算单元；第三是科学探索的内在动力，科学家、工程师不懈地突破现有水平，追求性能更高、智能程度更高的计算机，最终目标是做出像人一样有智慧的装备。

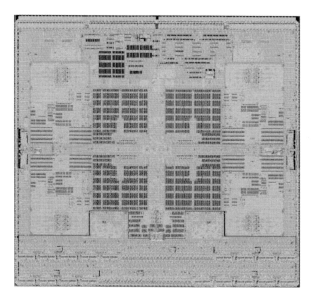

图 1.15　龙芯 3A4000 电路版图

CPU 技术在计算机科学中的地位

CPU 是整个计算机中最复杂的模块，是计算机科学的制高点。

计算机科学中主要的原理大部分都涉及 CPU。在国际计算机学会（Association for Computing Machinery，ACM）2013 年制定的计算机专业的 18 个知识领域中，涉及计算机本身工作原理的课程都和 CPU 相关，甚至是以 CPU 为核心。18 个知识领域列举如下。

（1）算法与复杂度	（10）网络与通信
（2）体系结构与组织 *	（11）操作系统 *
（3）计算科学	（12）基于平台的开发
（4）离散结构	（13）并行和分布式计算
（5）图形学与可视化	（14）程序设计语言
（6）人机交互	（15）软件开发基础
（7）信息保障与安全	（16）软件工程
（8）信息管理	（17）系统基础
（9）智能系统	（18）社会问题与专业实践

上面标星号的两个课程都与 CPU 关联紧密。体系结构与组织主要针对计算机的硬件组成，尤其是以 CPU 为中心的整个计算机的硬件设计。操作系统是在 CPU 上运行的软件，操作系统的设计和工作流程也要紧密围绕 CPU 展开。

经典的计算机体系结构教材，第一节都是讲解 CPU 的原理，其次才是存储器和输入 / 输出（I/O）。CPU 原理能占整个计算机原理的 70%。把 CPU 讲透，才能明白整个计算机是怎样工作的。在此基础上，设计配套的操作系统，提供一个管理计算机的软件平台，也提供运行上层应用软件的平台。

可以列出这样一个等式：

$$制作计算机 = 做 CPU + 做操作系统$$

会做 CPU、操作系统才代表会"制作"计算机。中国产业界经常称 CPU 为"电脑之心"、操作系统为"电脑之魂"，很贴切地反映了这两者的地位。

ACM 体系中剩下的 16 门课程，都是在计算机上面开发软件来解决应用问题，可以说只是在"使用"计算机。

我不需要做 CPU，为什么还要学习 CPU？

以 CPU 思维观察计算机，以 CPU 视角观察世界

CPU 凝聚了许多科学家和工程师的智慧。对 CPU 原理的学习可以给人们带来多方面的启示。

对于计算机专业人员，学习 CPU 是掌握计算机原理的必经之路。即使毕业后不进入 CPU 企业，CPU 原理也将在整个职业生涯中如影随形。计算机系统是分层次结构的，从硬件、操作系统到应用软件，有时候为了解决某一层面的问题，往往需要下一层面的知识来解释，否则只能在某一层面工作，知其然而不知其所以然。CPU 原理就是整个计算机系统最底层的知识。

对于应用软件开发人员，掌握 CPU 原理才能开发出更高水平的软件。虽然现在高级语言非常简单易学，但是如果只掌握 Java 语言、Python 语言，那么只能开发出低水平的软件。要开发出高性能的软件仍然是需要底层功力的。软件的算法设计、代码优化都依赖于对 CPU 原理的深层次理解。

对于其他工程学科人员，可以通过学习 CPU 来找到相似的设计方法，达到触类旁通的目的。CPU 中包含的工程方法对各行业都有启示。例如，CPU 中用于提高指令执行效率的流水线结构，用于提高存储器访问速度的缓存设计，用于提高并行计算能力的多核、多线程设计，都可以为设计其他工程产品提供灵感。

即使是绝大多数不从事技术工作的人员，也可以了解 CPU 的来龙去脉、

技术属性、产业地位，以此来更深入地观察和分析信息产业的走向。信息产业影响社会发展的方方面面，CPU 在某种程度上可以作为技术发展趋势的"晴雨表"，学习 CPU 通识课程可以提高自身的洞察力。

对信息时代的每一个人来说，以 CPU 思维观察计算机，以 CPU 视角观察世界，就像学习法学、经济学、管理学一样，是一门随时可能用得上的本事。

开源 CPU 哪里找？

互联网提供了丰富的CPU教学范例

开源运动不断壮大，已经从软件扩大到硬件。现在很多高校、企业、爱好者都在互联网上提供开放的 CPU 设计资料，可以将其作为学习 CPU 原理的参考资料。

需要注意的是，毕竟 CPU 开发成本高，对开发 CPU 的企业来说包含了可观的人力和知识产权，因此在开源社区上能够找到的主要是简单的入门级 CPU，几乎难以找到高端 CPU。典型的开源 CPU 有 OpenRisc、RISC-V 等，主要面向嵌入式、物联网领域。

少数一些服务器级别的 CPU 选择开源，也是原开发企业在市场很难做下去的情况下、想保持市场关注度的无奈之举，典型的有 OpenSPARC、OpenPOWER 等。

相比之下，开源软件的发展水平可以算是高出一大截。以操作系统为例，有 Linux 这样在全世界的服务器、手机（Android）、嵌入式设备中广泛使用的产品级操作系统，也有 Red Hat 这样专业维护 Linux 发行版、提供商业服务的企业。如果不想取得企业的服务，"用操作系统不花钱"已经是一种可以实现的状态。

而在硬件领域，还没有当红的 CPU 企业敢于这么大方地把桌面、服务器 CPU 开源。

在这里可以介绍一下全世界最大的开源电路模块网站 OpenCores（https://opencores.org），上面有各种类型的开源处理器，数量超过 200 个，可以作为一个参考资料库，但是近几年更新缓慢，很多项目已经有 10 多年没有更新了。另外一个大型社区就是 Github，里面也有一些 CPU 设计源代码。搜索关键字"CPU FPGA"可以找到 600 多个项目，但是这些项目活跃度都很低，其中获得 Star 评分最高的是一个兼容 RISC-V 指令集的 CPU 设计项目，获得了 5400 个 Star[1]。相比 Github 上随便一个软件组件项目就能获得上万个 Star，CPU 的开源资源确实是比较薄弱的。

龙芯从 2016 年推出"面向计算机系统能力培养的龙芯 CPU 高校开源计划"，将 GS132 和 GS232 两款 CPU 的核心源代码向高校开源，大学老师可以基于龙芯平台设计 CPU 实验课程（见图 1.16），让学生在课堂上有机会设计"真实的处理器"。

图 1.16　龙芯 CPU 高校开源计划配套教学平台

也许在不久的将来，由你开发的 CPU 能够在开源社区上大放异彩！

[1] 数据查询时间为 2021 年 9 月。

CPU 术语篇

入门术语应知应会

计算机的语言：指令集

我终于明白"兼容性"是怎么回事了。这是指我们得保留所有原有的错误。

——丹尼·塔塞尔（Dennie van Tassel）

Intel 4004 Instructions Set

INSTRUCTION	MNEMONIC	BINARY EQUIVALENT		MODIFIERS
		1st byte	2nd byte	
No Operation	NOP	00000000	-	none
Jump Conditional	JCN	0001CCCC	AAAAAAAA	condition, address
Fetch Immediate	FIM	0010RRR0	DDDDDDDD	register pair, data
Send Register Control	SRC	0010RRR1	-	register pair
Fetch Indirect	FIN	0011RRR0	-	register pair
Jump Indirect	JIN	0011RRR1	-	register pair
Jump Uncoditional	JUN	0100AAAA	AAAAAAAA	address
Jump to Subroutine	JMS	0101AAAA	AAAAAAAA	address
Increment	INC	0110RRRR	-	register
Increment and Skip	ISZ	0111RRRR	AAAAAAAA	register, address
Add	ADD	1000RRRR	-	register
Subtract	SUB	1001RRRR	-	register
Load	LD	1010RRRR	-	register
Exchange	XCH	1011RRRR	-	register
Branch Back and Load	BBL	1100DDDD	-	data
Load Immediate	LDM	1101DDDD	-	data
Write Main Memory	WRM	11100000	-	none
Write RAM Port	WMP	11100001	-	none
Write ROM Port	WRR	11100010	-	none
Write Status Char 0	WR0	11100100	-	none
Write Status Char 1	WR1	11100101	-	none
Write Status Char 2	WR2	11100110	-	none
Write Status Char 3	WR3	11100111	-	none
Subtract Main Memory	SBM	11101000	-	none
Read Main Memory	RDM	11101001	-	none
Read ROM Port	RDR	11101010	-	none
Add Main Memory	ADM	11101011	-	none
Read Status Char 0	RD0	11101100	-	none
Read Status Char 1	RD1	11101101	-	none
Read Status Char 2	RD2	11101110	-	none
Read Status Char 3	RD3	11101111	-	none
Clear Both	CLB	11110000	-	none
Clear Carry	CLC	11110001	-	none
Increment Accumulator	IAC	11110010	-	none
Complement Carry	CMC	11110011	-	none
Complement	CMA	11110100	-	none
Rotate Left	RAL	11110101	-	none
Rotate Right	RAR	11110110	-	none
Transfer Carry and Clear	TCC	11110111	-	none
Decrement Accumulator	DAC	11111000	-	none
Transfer Carry Subtract	TCS	11111001	-	none
Set Carry	STC	11111010	-	none
Decimal Adjust Accumulator	DAA	11111011	-	none
Keybord Process	KBP	11111100	-	none
Designate Command Line	DCL	11111101	-	none

Intel 4004 指令集，开启微处理器时代

软件编码规范：什么是指令集？

指令集是CPU运行的软件的二进制编码格式

指令集又称为指令系统架构（Instruction System Architecture，ISA），是 CPU 运行的软件的二进制编码格式，是一种指令编码的标准规范。由于硬件电路都是由晶体管组成的，只能识别 0、1（二进制），因此 CPU 上运行的软件必须有一种编码格式来让 CPU 识别，如图 2.1 所示。

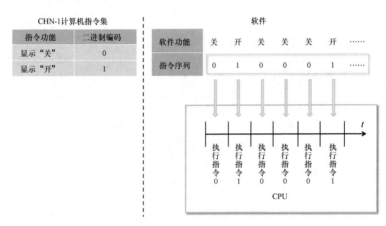

图 2.1　指令集、软件和 CPU 的关系

每一个 CPU 能理解的指令集都是由一组"指令"组成的。在 CHN-1 计算机中，指令只有两种，即 0 代表"关"、1 代表"开"。因此可以说 CHN-1 的指令集只包含两条指令。CHN-1 运行的软件就是由 0、1 组成的连续指令序列。

CPU 企业都会对所制造的 CPU 提供详尽的指令集手册材料。一般说到某种指令集时，我们头脑中浮现的都是"Instruction Reference Manual"之类的文档材料。

指令集是软件和硬件的接口。从软件人员的视角来看，指令集严格规定了 CPU 的功能，指令集也反映了软件人员对 CPU 进行编程的接口，所以有时候指令集也称为"处理器架构"。

这里简单介绍目前最常用的指令集。台式计算机、服务器主要采用 x86 指令集，手机、平板电脑主要采用 ARM 指令集，龙芯计算机[1]采用自定义指令集 LoongArch。

什么是指令集的兼容性?

兼容的 CPU 能运行相同的软件

运行相同指令集的 CPU 称为"兼容的"。这里的"兼容"主要是指 CPU 可以识别相同的指令编码，因此可以运行相同的上层软件。

例如，如果不同的厂家制造的计算机都采用和 CHN-1 相同的指令集，那么这些计算机都能运行相同的软件，是一类"兼容机"，如图 2.2 所示。

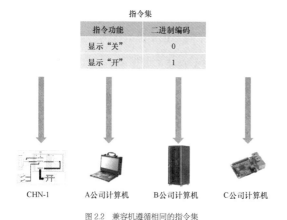

图 2.2　兼容机遵循相同的指令集

---

[1] 本书中的龙芯计算机指搭载龙芯处理器的计算机。

而在 CHN-2 计算机中，指令的编码格式发生了变化，每条指令变成 4 个二进制位，其中每一位包含一种显示汉字的信息。这要求 CHN-2 计算机的数据通路、存储器、指令寄存器、运算器都要每次处理 4 位二进制，显然 CHN-2 计算机上的软件是无法直接在 CHN-1 上运行的。所以 CHN-2 和 CHN-1 是"不兼容"的计算机。

为什么指令集要向下兼容？

成功的CPU系列能保持几十年兼容

兼容性在 CPU 生态中具有重要的意义，一个良性发展的生态是在兼容的指令集基础上制造出更多计算机、开发出更多应用软件。有生命力的 CPU 企业都会非常看重 CPU 指令集的稳定性，向指令集中添加、删除指令都非常小心谨慎。如果指令集发生变化，很容易因为设计上的疏忽而引入"不兼容"问题，导致以前的软件无法在新的计算机上运行，那么新的计算机是不会被用户购买的。

那么指令集就永远不变了吗？也不是这样的。时代的发展总是要求计算机实现更多功能，指令集也应该与时俱进。

人们在实践中找到一种比较好的折中方法，既能够保持兼容性、又能够让指令集越来越强大。这个方法就是"增量演进、向下兼容"。"增量演进"的意义是，指令集的发展只能添加新的指令，不允许删除现有的指令，也不允许改变现有指令的功能。这样做的好处是，以前的软件一定能够在新指令集的 CPU 上运行，新的 CPU 能够"继承"以前全部的软件成果。坚持这样的路线，新的计算机一定能够对老的计算机实现"向下兼容"（有的书上也叫"向前兼容"）。

IBM公司在1964年推出的System/360系列计算机是"兼容机"概念的始祖，如图2.3所示。在此之前的计算机制造商，经常在新型号计算机中添加不兼容的新特征，导致老型号计算机上的软件不能在新型号计算机上运行。而属于System/360系列的计算机都能够运行相同的软件，最大化沿用了用户的软件资产。直到今天，IBM仍然在制造兼容System/360系列的大型机。

图 2.3　"兼容机"概念的始祖 System/360 系列计算机

计算机界有一个经典的例子，CPU厂商由于不坚持向下兼容而吃苦头，你可能想不到这个故事的主角是Intel。在2001年之前，Intel的桌面和服务器计算机都采用32位的x86指令集。这个"32位"可以理解为一次运算所处理的数据的最大宽度。随着多媒体技术以及互联网的快速发展，市场对64位架构的需求日益强烈。Intel与惠普公司共同开发了64位指令集，称为IA64，又称英特尔安腾架构（Intel Itanium Architecture）。几乎同时，AMD公司也开发了64位的指令集，称为AMD64。由于IA64与32位x86指令集不兼容，而AMD64则对32位x86指令集向下兼容，因此市场上的消费者更喜欢AMD64。事实上，后来Intel也被迫放弃了IA64，采纳了AMD64指令集并改名为x86-64，形成当今真正主流的64位x86架构。由这个例子可以看到，即使是Intel这样强势的企业也不得不在"向下兼容"的市场铁律前折服。

为什么说指令集可以控制生态？

软件生态的价值大于CPU

指令集承载了一个软件生态，也是软件生态的源头（见图 2.4）。假定有一个 CPU 企业，不妨称为 A 公司，想要设计 CPU 并投放市场，那么一定是从设计指令集开始的。A 公司首先设计了一种新的指令集 ISA-A，制造出兼容 ISA-A 的 CPU，并将生产的 CPU 安装到计算机中，然后为这种 CPU 开发相关的操作系统、编译软件（也称为工具链）。而应用软件开发者只需使用编译软件对源代码进行编译，生成二进制码，就可以在这种 CPU 上运行软件。日积月累，在这种 CPU 上运行的软件越来越多，生态也越来越庞大，A 公司就可以通过销售 CPU 获取大把利润。

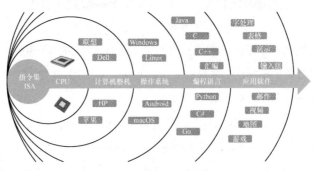

图 2.4　从指令集构建软件生态

生态的规模越大，吸附能力越强。当生态发展到一定规模时，会吸引更多的 CPU 厂商加入这个生态阵营，生产兼容 ISA-A 的 CPU 并销售。这些 CPU 都能够运行这个生态里的所有软件，用户可以择一购买。

这时候，最早设计这种指令集的厂商 A 公司就开始发现，很多公司都来分切这块蛋糕，原来 A 公司一家独享的市场被切成几块。A 公司辛辛苦苦建设生态，最后只沦为铺路人。长此以往，将没有人愿意做建设生态的工作。

为了保护市场先行者的利益，鼓励技术创新，知识产权法规对指令集有保护制度。CPU 指令集可以通过申请专利的形式获取专利权，任何人在付出一定条件的前提下才有权使用指令集。

有了指令集的保护制度，A 公司就可以对 ISA-A 指令集开展知识产权保护工作。现在，A 公司可以放心地销售 CPU、建设生态，因为其他公司只有得到 A 公司的商业授权，才能生产和 ISA-A 相兼容的 CPU，也只有获得授权后才能在市场上销售。在没有取得授权的情况下生产、销售与 ISA-A 相兼容的 CPU，是对 A 公司的侵权，是不符合法律规定的。

A 公司通过对指令集的把控，设定了生态的进入门槛。A 公司可以在这个生态中拥有自己的话语权，也可以决定哪些 CPU 企业可以进入这个生态。越是强势的 CPU 企业，对授权的条件越严格，取得授权的门槛也越高。像 Intel、ARM 这些公司的授权费用可以高达上亿元。

反之，如果 A 公司不重视指令集的保护，利用指令集对软件生态进行控制的价值就会丧失；另外，因为知识产权保护有固定的年限，超过一定时间其就不再受到保护。

应该说，知识产权对保护先行者的利益、刺激技术创新，是发挥了正面作用的。

自己能做指令集吗？

做指令集不难，难的是做软件生态

指令集是一个标准规范。表面上看，"做指令集"的成果形式就是写出了一份文档。设计一个指令集不算什么高难度的事情，和做一个 CPU 动辄需要几年工夫相比，它可能几个月就能完成。

但是放眼望去，全世界常用的指令集种类很少，拥有大量用户的主流指令集不超过 10 个。为什么会这么少呢？

首先，做指令集不难，难的是做软件生态。把 CPU 做出来只能算是第一步，还需要在这种 CPU 上开发越来越多的软件，这样才能让 CPU 的使用价值更大。然而，现在的软件开发是很耗成本的工作，高质量软件的销售价格很容易就超过计算机硬件。软件厂商面对一种新指令集时，很难有动力为其投入成本做开发。尤其是在指令集刚推出、还没有多少用户的阶段，如何吸引软件厂商是很难解决的问题。很多指令集本身设计得很好，只是因为没有打破"没用户—没厂商—没用户"的双向悖论而迟迟不能打开局面。

其次，高端 CPU 需要的指令集已经非常复杂，远远超过简单 CPU。对于只做简单控制类工作的嵌入式 CPU、微控制器 CPU，可能几十条指令就够用了。但是对于在台式计算机、服务器中使用的 CPU，往往需要上百条甚至更多的指令。尤其是像电源管理、安全机制、虚拟化、调试接口这些技术，设计指令集时必须和 CPU 内部架构、操作系统进行统筹考虑。有时候甚至需要把 CPU、操作系统的原型都开发出来，经过长期测试验证才能保证指令集的设计达到完善程度。

因此，敢于推出新指令集的企业往往都是一流的 CPU 公司，而这要靠雄厚的资金实力和足够的研发投入。龙芯采用自定义的指令集，迈出了勇敢的一步。

第 2 节 繁简之争：精简指令集

控制复杂性是计算机编程的本质。

——布莱恩·克尼汉（Brian Kernighan）

20 世纪 70 年代，约翰·科克（John Cocke）和他的团队成功设计了采用精简指令集计算机架构的计算机 IBM 801

CISC 和 RISC 区别有多大?

指令集应该只包含最常用的少量指令

在计算机发展过程中,指令集形成了两种风格,即复杂指令集计算机 (Complex Instruction Set Computer,CISC)和精简指令集计算机 (Reduced Instruction Set Computer,RISC)。一起来回顾一下这两者的渊源。

早期的计算机指令集都很简单。ENIAC 主要用于数学计算,指令集只包含 50 条指令。1971 年发布的微处理器 Intel 4004 的指令集也只有 45 条[1]。可以说从 20 世纪 50 年代到 20 世纪 70 年代,指令集的数量增长并不明显。

随后的计算机不断增加功能,指令集也越来越复杂化。到 20 世纪 80 年代,进入个人计算机时代,指令集包含的指令数量迅速增长(见图 2.5)。1978 年推出的 Intel 8086 的指令集为 72 条,1985 年推出的 Intel 80386 就超过了 100 条,1993 年推出的 Intel Pentium 则达到了 220 条。2000 年 Intel 发布的 CPU 的指令数量已经超过 1000 条。

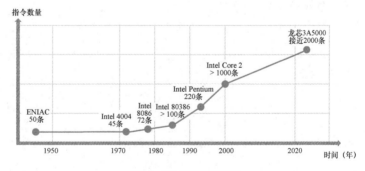

图 2.5 CPU 指令数量增长趋势

---

[1] Intel 4004 的指令集手册,可以参考 http://e4004.szyc.org/iset.html

为什么 CPU 的指令集会越来越庞大？主要有两个原因。第一，晶体管技术取代电子管技术后，CPU 制造起来越来越容易，让 CPU 指令支持更多功能具备了可能性。例如 Intel 在 Pentium 中增加的 MMX 指令集，主要面向多媒体的音频、视频，可以在一条指令中对多个数据进行编码、解码，其性能远远超过以前的型号。第二，计算机从单纯科学计算走向个人计算机，应用软件越来越丰富，程序员希望指令集功能更强大，来方便编写程序。例如，早期计算机每条指令只能访问一个内存单元，而"串指令"可以一次对连续的多个内存单元进行读写，这样在开发相同功能的软件时，汇编代码更为简短。

但是，指令集的增长也带来了很多弊端。第一，CPU 的设计制造更复杂，用于解析指令的电路开销变大，也更容易导致设计错误。第二，指令之间产生了很多的重复功能，很多新增的指令只是把已有多条指令的功能组合起来，相当于引入了很多的冗余，不符合指令集的正交性原则。第三，也是最严重的问题，指令的长度不同，执行时间有长有短，不利于实现流水线式结构 [1]，也不利于编译器进行优化调度。

只要矛盾积累到一定程度，就会有人站出来提出革命性的理念。早在 20 世纪 70 年代，就有一些科学家开始反思"一味增加指令数量"的做法是否可取。

统计表明，计算机中各种指令的使用率相差悬殊，可以总结为"二八原则"：CPU 中最常用的 20% 指令，占用 80% 的执行频率。使用最频繁的指令往往是加减运算、条件判断、内存访问这些最原始的指令。也就

---

[1] 本书将在"CPU 原理篇"讲述流水线式结构的原理，此处读者只需要知道流水线是现代高性能 CPU 都采用的一种实现结构即可

是说，人们为越来越复杂的指令系统付出了很大的设计代价，而实际上增加的指令被使用的机会是很低的。

"精简指令集"的设想正是受此启发——指令集应该只包含最常用的少量指令。指令集应该尽可能符合"正交性"，即每条指令都实现某一方面的独立功能，指令之间没有重复和冗余的功能，所有指令组合起来能够实现计算机的全部功能。按照这个原则设计而成的计算机称为 RISC。

与 RISC 相区别的是 CISC。RISC 计算机指令条数一般不超过 100 条，每条指令长度相同，二进制编码遵循统一的规格，非常便于实现流水线式计算机和编译器调度。

一般认为 1975 年开始研制的 IBM 801 是最早开始设计的 RISC 处理器。20 世纪 90 年代以后出现的新指令集基本都属于 RISC。到现在还在大量使用的主流 CISC 应该只剩下一种了，即 Intel 公司的 x86 指令集。CISC 和 RISC 的对比如图 2.6 所示。

CISC	RISC	
指令数量庞大 指令长度不同 指令功能有冗余和重复	指令数量较少 指令长度相同 指令之间功能"正交"	
x86	LoongArch	ARM
		RISC-V
MC68000	Alpha	MIPS
PDP-11	Sparc	Power

图 2.6　CISC 和 RISC 的对比

历史经过"简单—复杂—再简单"的循环反复，又回到了"简单化"的方向上。

CISC 和 RISC 的融合

x86 指令集在外部采用 CISC，在内部采用 RISC

RISC 天生具有便于实现流水线架构的优点。RISC 指令集清晰简洁，容易在电路的硬件层面进行分析和优化，使用 RISC 指令集的 CPU 能够以相对简单的电路达到较高的主频和性能。

20 世纪 90 年代的处理器市场上，高主频、高性能 CPU 基本被 RISC 占领。

CISC 厂商痛定思痛，决心找到在保持指令集不变的前提下，解决性能问题的方法。保持指令集不变的根本原因是坚持兼容原则，避免影响生态、失去用户。

CISC 厂商发现，CISC 指令集可以采用两级译码的方法转换成 RISC，如图 2.7 所示。首先，CPU 对运行的 CISC 指令先进行一种"预译码"转换，生成一种内部指令"微指令"，也叫微操作（μOP）。微指令是 CPU 内部使用的，对软件不可见。微指令完全采用 RISC 的设计思想，对微指令的执行过程完全可以采用流水线架构。这样，一个 CPU 既可以执行 CISC 指令集的软件、又可以达到 RISC 架构的相同性能。

图 2.7　CISC 转换成 RISC

CISC 和 RISC 的融合，给 CISC 赋予了新的内涵：

CISC = 预译码 + RISC

最早采用这个巧妙方法的是 Intel。Intel 一直采用 x86 指令集，在 CPU 内部使用流水线架构。1989 年推出的 Intel 80486 引入了五级流水线，如图 2.8 所示。

（1）PF 步骤——指令预取（Prefetch）

（2）D1 步骤——指令译码 1（Decode Stage 1）

（3）D2 步骤——指令译码 2（Decode Stage 2）

（4）EX 步骤——指令执行（Execute）

（5）WB 步骤——回写（Write Back）

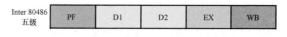

图 2.8　Intel 80486 五级流水线

现在的 Intel CPU 大多是外表披着 CISC 外壳、里面都是 RISC 的结构。

高端 CPU 指令集包含什么内容？

指令集要符合应用需求

在更复杂的计算机中，指令集包含的指令条数会更多，一般至少会有几十条，多的可以达到上千条。为什么会这么多呢？我们以龙芯 3 号的指令集为例，来看一看为什么会包含这么多的指令。

LoongArch 是龙芯拥有知识产权的指令集，龙芯 CPU 从龙芯 3A5000 以后的型号都采用 LoongArch。龙芯 3A5000 是面向台式计算机、笔记本计算机的 4 核 CPU，在 2020 年完成设计并流片。LoongArch 包含如下几个部分：

- 基础部分（Base）：实现基本的数据运算功能。

- 二进制翻译扩展（LBT）部分：用于提升跨指令集二级制翻译在 LoongArch 上的执行效率。

- 虚拟化扩展（LVZ）部分：用于在龙芯上运行虚拟化（Virtualization）技术，在一台物理机器上同时运行多个操作系统。虚拟化技术是实现云服务的基础。

- 向量扩展（LSX）和高级向量扩展（LASX）部分：用于在一条指令中同时计算多组数据，主要面向科学计算、数字信号处理、媒体解码等。

指令不是越多越好，而是要以满足应用需求为标准。指令数量太多，对于学习成本、编译器复杂度都代价过高。优秀的指令集是每一条指令都有必要、每一条指令都能在软件中良好使用。

第 3 节 第一次抽象：汇编语言

机器指令相当于结绳记事，汇编语言相当于甲骨文，高级语言相当于现代文字。

——知乎专栏

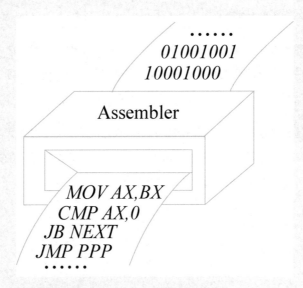

汇编语言的源代码通过汇编器（Assembler）转换为二进制指令

硬件的语言：汇编语言

汇编语言是CPU机器指令的助记符

使用二进制表示的计算机指令，称为机器指令。机器指令是计算机电路可以直接理解和执行的指令。

使用机器指令可以编写各种各样的程序，就像用人类语言写文章一样，因此机器指令也称为机器语言。

用机器语言进行编程，效率是非常低的。人脑不习惯于操作二进制，如果想要记住所有指令的二进制编码，一定是非常痛苦的事情。汇编语言就是为了方便编程而发明的。

汇编语言（Assembly Language）使用一种接近自然语言的文本形式来表示二进制的机器指令。在汇编语言中，表示形式是各种方便记忆的符号，即字母和数字。

在 CHN-1 计算机中，指令有两种，即二进制 0 代表"关"、1 代表"开"。可以定义下面的汇编指令："ON"代表"开"，"OFF"代表"关"。这样的语法非常方便人们记忆，因此汇编指令也可称为"助记符"。

在实际的计算机中，指令都要有参数，例如所访问的内存地址、所读写的寄存器。在汇编语言中，用地址符号或标号代替内存地址，用寄存器的名称代替寄存器的编号。

我们来看一个典型的"数组复制"程序。代码采用龙芯 3A5000 的汇编指令编写。读者不需要了解每一条汇编指令的功能，只需要了解汇编语言使用的是 CPU 的指令集，可以操作每一个寄存器。而实现相同功能的

C 语言代码虽然行数少，但是由于采用接近自然语言的抽象语法，因此无法任意操作 CPU 内部的资源。

龙芯汇编语言	C 语言

``loop:
  beq t1, a2, exit
  ld.w t2, 0(a1)
  st.w t2, 0(a0)
  addi.d t1, t1, 1
  addi.d a0, a0, 1
  addi.d a1, a1, 1
  j loop
exit:
  ......```
	``#define SIZE(64 * 1024 * 1024)
	
	for (int i=0; i<SIZE; i++)
	{
	  dest[i] = src[i];
	}```

汇编指令不能直接在 CPU 上运行，必须先通过一种转换程序进行处理，转换成二进制的机器指令。这样的转换程序称为"汇编器"。汇编器是每一种 CPU 必备的软件。

有了汇编语言以后，编写程序的效率得到了大幅度提高。汇编语言把"功能表示"和"硬件机制"分离开来，实现了程序员的第一次解放。

为什么现在很少使用汇编语言了？

编程语言越来越强大、好用

汇编语言仍然是一种"面向机器"的语言，而不是"面向问题"的语言。使用汇编语言编程时，程序员需要考虑寄存器、内存这些 CPU 本身的基本功能，而且汇编指令的语义往往非常简单，所以当编写复杂的程序时，代码很容易变得很长。

高级语言的发明是程序员的第二次解放。高级语言比汇编语言更为"强大"。在高级语言中，可以使用的数据类型上升为整数、浮点数、指针、数组、结构体这些更抽象的逻辑，能够描述的控制机制也更多，例如各种条件判断、循环等。

高级语言通过一种专用程序进行处理，转换成 CPU 执行的机器指令。这种转换程序叫作编译器（Compiler），如图 2.9 所示。

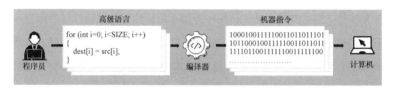

图 2.9　高级语言编译成机器指令

高级语言的编程效率远远超过汇编语言。据统计，对于实现相同的计算问题，高级语言使用的代码量平均只有汇编语言的 1/7。更少的代码意味着更短的编程时间，也意味着更少的 bug（错误）。

高级语言的另一个好处是"平台无关"。对于不同的指令集，汇编语言是不相同的。面向一种指令集的程序在移植到另外一种指令集时，汇编代码不能通用，几乎要从头重写。如果使用高级语言，代码对所有指令集是通用的，只需要使用新平台的编译器重新编译一遍，就可以生成面向新指令的机器代码。

现在的软件开发，绝大多数已经采用高级语言了。有一个世界程序语言排名网站（TIOBE），前 20 名中主要是各种高级语言，例如 Java、C 语言、Python 等。汇编语言大约排在第 14 位，所占份额为 1% ~ 2%。

汇编语言会消亡吗?

汇编语言是计算机从业者的基本功

汇编语言不可能完全消亡,在软件编程领域仍然有一席之地,主要用在以下两种场景。

第一种场景是用于实现高级语言不能实现的功能。高级语言只定义了面向大多数问题的共性语法,但每一种指令集都会有一些特性是高级语言无法实现的,例如读写 CPU 内部的寄存器、访问外设的端口等。这种情况下必须使用汇编语言。因此,在基本输入输出系统(BIOS)、操作系统内核、驱动程序、嵌入式控制程序中经常出现汇编语言。

第二种是对程序的性能要求高,需要优化代码的场景。高级语言是通过编译器转换成机器指令的,有时候并不能生成最优的指令。如果是人工编写汇编语言,则可以针对 CPU 的特点,发挥最大性能。所以在应用程序中,如果需要执行效率非常高的函数,则可以考虑使用汇编语言进行优化。

计算机专业学生一定要重视汇编语言这个基础素质。

做 CPU 就是做微结构

造芯片和造房子有相似之处。指令集相当于房子的地基，IP 核相当于房子的设计图纸，芯片相当于造好的房子。真正的好房子，地基是自己的，图纸是自己设计的，房子是自己造的。买别人的 IP 核攒芯片，就像是购买别人的图纸、在别人的地基上造房子，造完的房子只有使用权没有所有权。

——《造芯的第一步选对芯片架构》

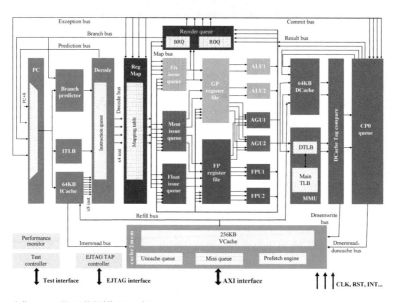

龙芯 GS464E 处理器核微结构（2015 年）

CPU 的电路设计：微结构

真正的"做CPU"是设计微结构

微结构（Micro-architecture）也叫微架构，是指一个实际 CPU 的电路设计，也就是 CPU 的硬件实现方案。

在表现形式上，微结构是指一个处理器实现具体指令集功能的电路设计，是实现指令集的一套硬件源代码。

指令集是一个"标准规范"，拥有指令集属于知识产权问题。微结构是一套硬件方案，做微结构属于设计能力问题。

一个微结构可以重复制造多种 CPU。CPU 企业设计好一个微结构以后，从微结构到 CPU 还要经过几个步骤，每个步骤都可以进行定制，具体介绍如下。

- 可以在微结构里面设置一些定制参数，例如缓存大小；还可以根据需要裁剪或保留某些模块，例如是否留下浮点计算单元、屏蔽某些不需要的指令等。

- 使用多个处理器核组成一个芯片，例如单核、4 核、8 核、16 核、64 核等。

- 使用不同的工艺生产芯片，例如 28nm、14nm、7nm 等。

- 芯片生产出来后，根据品质的不同，设置成不同的运行频率，然后根据频率确定价格，例如高频率的卖高价格、低频率的卖低价格。

由于存在上面这些不同的定制方法，因此同样的微结构可以"衍生"出不同型号的 CPU。但是这些 CPU 来源于相同的微结构，拥有相同的"核心"，可以说都是一个家族中的兄弟。

龙芯 3A4000 使用 GS464V 微结构，龙芯 3A5000、3C5000 都使用新型的 LA464 微结构。1995 年 Intel 发布首个专门为 32 位服务器、工作站设计的处理器架构，即 P6 架构，其首个产品是 Pentium Pro，一直用到 2001 年还在销售的 Pentium III 处理器。

可售卖的设计成果：IP 核

电路设计的成果封装成 IP 核，重复使用

IP 核（Intellectual Property Core）是指一个设计好的电路模块。IP 核实现了一个预定义的电路功能，可以在不同的芯片中重复使用。从名称上看，IP 核是一个脑力劳动成果，是一个设计作品，经常会通过知识产权来保护作者的创造性成果，这也是名称中含有"知识产权"（Intellectual Property）的意义。

IP 核存在的意义就是减少重复的设计工作。IP 核非常类似于软件中"函数"的概念，函数是"一次定义、多次调用"，IP 核则是"一次设计、多次使用"。

IP 核的功能粒度可大可小。小到乘法器、除法器、浮点运算器等，大到一个完整的 CPU 都可以做成 IP 核。

IP 核设计已经成为半导体产业中的一个行当，有很多公司专门靠设计和销售 IP 核营利。在设计一个芯片时，如果要在芯片中实现一个标准功能模块，很可能市面上已经有公司做好了现成的 IP 核，只要买来集成到芯片中就可以快速完成设计，这样能够节省可观的时间成本。

IP 核的"软"和"硬"

软IP是电路的逻辑功能，硬IP是电路的晶体管版图

IP 核有"软"和"硬"两种形式，如图 2.10 所示。

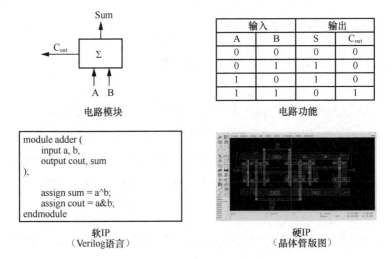

图 2.10　一个加法器的软 IP 和硬 IP

软 IP：用硬件描述语言描述的电路模块。硬件描述语言（Hardware Description Language）是用于设计电路的一种文本式语言，采用类似于程序设计语言的语法，常用的有 Verilog、VHDL 等。硬件描述语言描述的是电路的功能，例如输入 – 输出的组合逻辑、时序等，但是不涉及实现电路的具体元器件。软 IP 可以认为是电路的"源代码"。

硬 IP：电路模块的版图，是对电路进行布局、布线，并且确定了所采用的全部晶体管的电路模块。硬 IP 可以认为是电路最终阶段的产品。

攒芯片：SoC

买 IP 组合起来就可以生产芯片

SoC（System on Chip）全称是"片上系统"，是在一个芯片中集成多个电路模块，组合形成具有接近于完整计算机功能的电路系统。

SoC 中的"系统"，通常被认为是计算机系统，也就是在一个芯片中实现传统的计算机的 5 个组成部分。由于超大规模集成电路工艺的进步，以前需要多个芯片、多个电路板实现的功能，现在都可以集成在一个芯片中。

典型的 SoC 中能够包括 CPU、内存、外部通信接口模块、电源和功耗管理模块，等等。

使用 SoC 芯片，再加上很少量的外围元器件，就可以实现一个复杂的电路系统。像龙芯 2K1000 就是一个典型的 SoC 芯片，在一个芯片中集成了两个龙芯 CPU 核、20 多种外设控制器，最小的龙芯 2K1000 计算机主板可以做到一张名片大小。龙芯 2K1000 及其结构图如图 2.11 所示。

手机中也有很多 SoC 芯片在使用。例如高通公司的骁龙 865 芯片（2019年 12 月发布），专用于智能手机，集成了 8 个 CPU、5G 通信模块、3D图形模块、人工智能（AI）模块、Wi-Fi、蓝牙、USB、摄像头、音频、充电管理。这个芯片采用 7nm 工艺，面积还不到一个 1 角硬币大小！

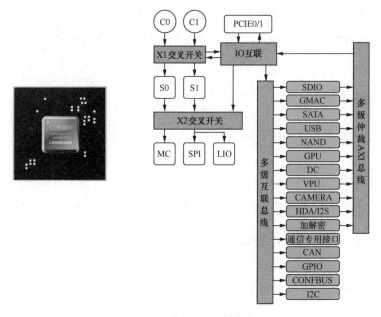

图 2.11　龙芯 2K1000 及其结构图

像 DIY 计算机一样"攒 CPU"

生产芯片可以通过买 IP 走捷径，但要想掌握自己的技术没有捷径

DIY（Do It Yourself）这个词语的本意是"自己动手制作"。从 20 世纪
90 年代开始，计算机市场流行一种购买配件、自己组装计算机的方式，
例如 CPU、内存条、主板、硬盘、显示器这些配件都可以单独购买，再
拼装起来就形成了一台计算机。DIY 计算机的技术要求并不高，只要按
照说明书就能很容易地"攒"出一台电脑。

芯片领域也有类似于 DIY 的"攒 CPU"的方式，这就是购买 IP 模块做
SoC 芯片。由于 IP 授权已经成为半导体行业的常见商业模式，很多专

业公司设计好了现成的电路并对外销售，即使是像 CPU 这样复杂的电路都可以从市场上买到。买来 IP 模块后，只需要简单地定制，或者再加上其他模块，组合成 SoC，就可以"攒"出一个芯片了。

这种"攒"芯片的方式，在技术难度上远远小于从头设计。由于核心模块都是其他人做好的，因此即使是不懂 CPU 原理的人也能"做"出一个 CPU。例如在手机领域，ARM 公司提供公版的 CPU 设计，以 IP 模块形式进行销售，那么只要花足够的钱买到授权，就可以基于 ARM 的 CPU 做出手机芯片，几个月工夫就能实现。

中国有很多企业做手机的 CPU，但实际上多数是基于 ARM 公版的 IP 核生产芯片。除了 CPU 核以外，几乎所有标准的电路模块都可以在市场上买到 IP，例如内存控制器（DDR）、图形处理器（GPU）、网络控制器、外设控制器（PCIE）、硬盘控制器（SATA）、USB 控制器，等等，甚至连 CPU 中的一个温度传感器都是可以买到的。

这种买 IP、攒芯片的方法，绝对不代表自主掌握了做 CPU 的技术。如果是买别人的 IP，不能算是"自主 CPU"，只能算是一个"CPU 的搬运工"。中国有很多企业能做手机 CPU，但是中国手机 CPU 仍然无法实现自主化，根本原因就是这些 CPU 都是引进别人的东西，中国企业只是完成了加工制造环节，处于产业链的末端。

龙芯 CPU 完全自研，没有采用任何第三方 IP 核，完全自主设计。

中国 CPU 企业的目标应该是自己掌握做 CPU 的技术、自己做出一流的 CPU 设计，并且有能力向其他企业做 IP 授权、通过知识产权获取利润，这样才能体现更大价值、站在产业链的顶端。

解读功耗

美国所有数据中心的二氧化碳（CO_2）排放量和其整个航空工业相当，消耗了美国大约 3% 的电力，其中 40% 的电力用于制冷系统给服务器设备降温。

——*Energy Efficiency in Data Centers*，IEEE TCN，2019 年

搭载龙芯2K1000双核高性能处理器

1.0GHz	支持2D/3D	5W
最高频率	图形处理器	最大功耗
$8×10^9$次/s	GS264*2	内核
浮点运算峰值速度	双发射超标量乱序执行	双核64位

龙芯 2K1000 是面向网络安全领域及移动智能终端领域的双核处理器芯片，最大功耗为 5W

什么是功耗？

降低功耗是电子产业的不懈追求

就电子设备而言，功耗（Power Consumption）指的是电子设备在单位时间内所消耗的电能。功耗越大，则电子设备在相同时间内耗费的电能越多，也就是通常说的"更费电"。功耗的单位是瓦特（W）。

功耗是 CPU 的一个重要指标。一般来说，计算能力越强的 CPU，功耗也越大。我们需要根据不同的使用场合，来综合考虑性能和功耗之间的平衡，各类 CPU 的典型功耗如图 2.12 所示。台式计算机、服务器 CPU 是在固定场所使用的，对功耗不太敏感。但是笔记本计算机、移动计算 CPU 需要尽量延长电池使用时间，所以在设计时都把降低功耗作为一个重要目标。

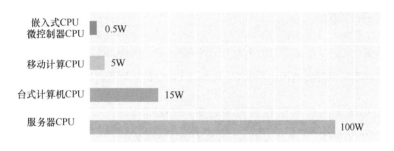

图 2.12　各类 CPU 的典型功耗

嵌入式 CPU、微控制器 CPU 经常需要在无法外接电源的环境中工作，只能自带电池。龙芯 CPU 就曾经遇到过"一节干电池要用十年"的工作环境。这种 CPU 在设计时要严格控制功耗，有时为了降低功耗而不惜牺牲性能。嵌入式 CPU、微控制器 CPU 的功耗一般在 mW（10^{-3}W）量级。

对于笔记本计算机、手机、平板电脑这样的移动设备，功耗低则意味着充一次电可以使用更长的时间。手机、平板电脑 CPU 的功耗一般不超过 10W，笔记本计算机 CPU 的功耗不超过 20W。

台式计算机由于有稳定的外接电源，对功耗的要求相对不太高。台式计算机 CPU 的功耗一般在 50W 左右。但是从节能环保的角度来看，当然希望计算机的功耗越低越好。低功耗 CPU 的另一个优点是可以制造出"无风扇"的计算机。常见的计算机 CPU 的功耗都有几十瓦，多的可以达到 100W，这会带来很大的发热量。CPU 在工作时，电流流过晶体管就会发出热量，这些热量都会通过芯片表面散发出去，CPU 表面的温度有可能上升到 100℃。这样的温度很容易烧坏芯片，所以常见的计算机内部都需要一个风扇来给 CPU 散热。但风扇属于机械装置，噪声大且容易损坏。现在有一些低端的台式计算机 CPU 的功耗可以控制在 15W 以内，这样的发热量可以省去风扇，做出完全静音的计算机。

服务器 CPU 是真正的功耗大户。服务器 CPU 的特点是核数多、计算单元丰富，自然要消耗更多电能。服务器 CPU 的功耗很容易超过 100W。

功耗最大的计算机在数据中心里。2000 年以后，云计算（Cloud Computing）技术开始出现，海量的服务器被集中到一个数据中心提供计算服务。超大型的数据中心往往有几万台到几十万台服务器，占地面积大，这样的数据中心附近都要专门建设发电厂，电费的成本约占整个数据中心成本的 1/3。根据 2010 年的一份报告指出，全世界的数据中心在 2010 年所消耗的电力，约是全球 2010 年总发电量的 1.1% ~ 1.5%[1]。

---

[1] 数据中心的散热方式是工程界的又一个有趣话题。阿里巴巴千岛湖数据中心采用湖水进行自然冷却，Google 利用海水、生活废水进行散热。

龙芯用于台式计算机的龙芯 3A4000 的峰值功耗是 50W，而龙芯嵌入式 CPU 的功耗则低很多，例如龙芯 1C 的功耗只有 0.5W。

有哪些降低功耗的方法？

先进工艺可以降低功耗，更关键的还是靠人的设计

降低功耗不是 CPU 的任务，而是整个计算机系统追求的目标。现在的计算机系统中，主要有 3 种方法降低功耗。

一是采用先进的半导体生产工艺。先进工艺能够缩短晶体管之间的距离、降低晶体管的工作电压、提高晶体管的密度，从而相应地降低发热量。世界上最先进的工艺（例如 5nm）都是率先使用在对功耗要求高的智能移动设备上的。

二是通过操作系统实现电源管理。例如在计算机待机时，如果没有计算任务，可以自动关闭屏幕，还可以切断硬盘等外设的电源，最大化地节省电能。

三是根据运行负载自动调整主频。例如"睿频"的功能是使 CPU 可根据所运行应用程序的计算量而动态地升高、降低频率，负载低时能够以很少量的功耗维护工作。更先进的 CPU 还可以动态调整电压，龙芯 3A4000 就具有这个功能。

功耗控制使笔记本计算机可以工作更长时间。例如龙芯 3A4000 的性能比龙芯 3A3000 提升了一倍，同时由于采用了先进的功耗控制方法，待机时间也延长了一倍。

摩尔定律传奇

每一个节点晶体管数量会增加一倍，14nm 和 10nm 都做到了，而且晶体管成本下降幅度前所未有，这表示摩尔定律仍然有效。

——斯泰西·史密斯（Stacy Smith），Intel 执行副总裁

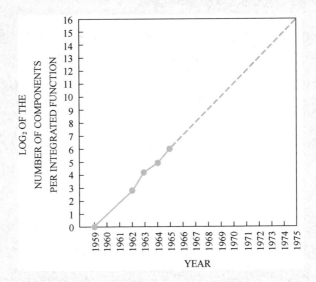

得出摩尔定律的草图

Cramming More Components onto Integrated Circuits，Electronics Magazine

Vol. 38, No. 8 (April 19, 1965)

摩尔定律会失效吗？

摩尔定律不是客观定律，而是人为定义

摩尔定律是指 1965 年戈登·摩尔（Gordon Moore）发现的一条经验定律，最初的定义是"集成电路上的晶体管数量每一年翻一倍"。

这个定律的发现有一段近乎传奇的故事。1959 年是集成电路推向商业化的元年，到 1965 年仅有 6 年的历史。摩尔在一张草稿纸上用几个点表示出了每一年集成电路中的最大晶体管数量，又用一条斜线把这几个点连接起来，从而发现了这个推动集成电路产业发展至今的规律。

1975 年，摩尔对定律进行了一次修改，表述为"每两年提升一倍"，相当于承认了比 1965 年预测的速度放缓了。即使如此，集成电路产业的发展，在事实上也与摩尔定律高度契合。回顾这几十年的发展，集成电路的数据在很大程度上验证了摩尔定律的预测。

到目前为止，摩尔定律还没有"失效"的迹象。在物理学、化学、量子力学的综合推动下，芯片工艺仍然在突飞猛进。有很多次在面临工程瓶颈时，总会有新的成果突破物理极限，使摩尔定律得到挽救。

摩尔定律面临的一个问题是晶体管尺寸已经接近极限。硅晶体管不能够继续缩小，例如到 4nm 级别时晶体管的尺度就要在几个原子的粒度，现有的生产工艺和材料都不能操控这样的精度，晶体管会失去可靠性，无法精确控制电子的进出，从而无法稳定地表示 1 和 0。有文献预测这个瓶颈将在 2030 年之前到来。

即使某一天摩尔定律失效了，它也是历史发展的必然。当集成电路产业发展到足够先进的程度，在一段时期内能够满足社会的需求，它的发展速度自然会放缓。未来的技术会走向多元化，以满足应用需求，而不是以单一的工程指标作为价值的判断方式。就像生活中的汽车速度达到 240km/h 就不需要再提升一样，人们转而追求的是舒适、自动化、信息互联等更丰富的体验。

摩尔定律虽然号称是一个"定律"，但是它不像数学、物理定律一样属于自然界的"客观规律"，而只是人们"主观观察"的一个现象。它背后没有更深层次的原因解释，人们定义和使用这条定律时并不知其所以然。更多的时候，摩尔定律代表了人们对半导体产业发展的良好期望，并且体现了人们为了保持其发展速度而不懈努力的一种精神。

什么是 Tick-Tock 策略？

复杂问题，分步解决

Tick-Tock 模型（通常译作"嘀嗒模式"或"钟摆模式"）是 Intel 公司提出的 CPU 发展路线，其含义是采用"两步走"的交替策略，应用先进制造工艺和改进微结构的设计来提升 CPU 性能，Tick-Tock 路线图如图 2.13 所示。

图 2.13 Tick-Tock 路线图
（来源：Intel 网站）

每一次做"Tick"都是提升 CPU 的制造工艺，享受摩尔定律的红利。

每一次做"Tock"都是带来更好的微结构设计。这方面的工作包括性能提升、节能设计，以及面向专用功能的硬件支持（例如硬件视频解码、加密 / 解密等）。

之所以要采用"Tick-Tock 两步走"的交替策略，是因为这样可以分解难度、控制风险、降低成本。制造工艺和微结构是一个 CPU 最重要的两个侧面，也是难度最高的两个设计要素。采用新的制造工艺意味着数十亿美元的投入，工艺需要经过长时间的测试验证才能达到量产水平和可接受的成本。微结构的改进更是需要一个长时间的"设计—验证"周期。如果把这两件事情混在一起做，问题交织在一起，很可能哪个都做不好。如果能够先做好一方面，暂时不考虑另一方面，这样更能在较短时间内推出新的升级型号。

Tick-Tock 在思想上的本质，属于面对复杂问题时采用"分而治之"的方法。把一个复杂问题分解成多个独立的子问题，各个子问题可以按顺序分别解决，每一个子问题的难度小于总的问题，这样可以使复杂问题的难度"降维"，更便于解决。

Tick-Tock 模型的新含义："三步走"

处理器的性能提升节奏放缓

Tick-Tock 模型最早在 2006 年左右提出，在最初 10 年中基本上按照每 2 年一个周期的节奏发展。Intel 公司靠此"法宝"加持，一直保持业内的领先地位。

但是在 2017 年，Intel 对 Tick-Tock 周期进行了修正，从 10nm 制

程 CPU 开始改为"制程—架构—优化"（Process-Architecure-Optimization）的"三步走"战略，每次迭代周期拉升到 3 年。增加的"优化"步骤是指在制程及架构不变的情况下，进行小幅度的修复和优化，以及修正 bug、提升主频等。

从 Tick-Tock 模型被赋予新的定义来看，半导体工艺发展速度有放缓的趋势，处理器性能的提升速度也比原来慢了。人们不满足于 Intel 产品性能的缓慢提升速度，戏称其为"挤牙膏"式的更新换代。

目前人们提起 Tick-Tock 模型，使用最多的仍然是"两步走"的经典含义。

为什么 CPU 性能提升速度变慢了？

技术足够满足应用需求后就创新乏力了

回顾 1980 年至今的商业 CPU 市场，CPU 的性能提升速度体现出"慢—快—慢"的现象。摩尔定律、Tick-Tock 模型共同支撑了 CPU 性能快速提升的 1990—2010 年，而现在的性能则每年只有小幅度提升。

性能提升速度变慢的内在原因至少有以下 3 个方面。

第一是新的应用需求变少，企业和工程师失去优化的动力。一直到 2010 年之前，个人计算机和服务器的应用发展带动了 CPU 性能的提升，包括 20 世纪 90 年代出现的多媒体、音视频、PC 游戏。2000 年以后出现的互联网应用、更高级的桌面用户体验、大数据量的处理等需求，使得人们需要每隔两三年就更换计算机，以便更好地处理应用。而 2010 年以后，PC 上的应用基本定型，即使三四百元的桌面 CPU 都可以满足大部分应用的需求，人们觉得这样的计算机已经"足够好"了，很难再找出新的应用需要升级更高性能的桌面 CPU。只有在手机、云计算领域还需要 CPU 性能持续提升，但是也不像以前那样成为关注焦点了。

第二是 Intel 已经占据市场中最大份额，不再急于推出更高性能产品来争夺市场。Intel 在桌面、服务器、笔记本计算机产品上的市场份额长期保持在 80% 以上，位居第二的 AMD 只有极少数时间对 Intel 构成挑战。因此对 Intel 而言，即使用现有性能的芯片也能够持续赢得客户。毕竟大多数用户首先看中的是 Intel 的品牌。

第三是学术领域很多年没有新的 CPU 突破性理论。在 20 世纪 90 年代流水线模型、RISC 体系结构基本确定下来后，CPU 中的科学原理总体上都成熟化了。计算机体系结构学术会议上基本不再有本质上的突破性理论。现在 CPU 的性能提升，无非是在工程细节上"抠油水"，或者是靠先进的制造工艺，或者是靠 SoC 的"组合式创新"。做 CPU 成为具有高度工程化、高度劳动密集型特征的工作。没有先进理论的支撑，CPU 本身的性能提升自然会放缓。

人们对 CPU 性能的关注度从高到低，是技术发展的必然趋势。2000 年之前买计算机，都要精细计算在 CPU 上面的投入产出比，用现在的术语来说就是计算"单位价格得到的计算能力"，要找专业的计算机专家询问 CPU 的型号配置，要考虑计算机做什么（是只打字上网还是要打游戏、做设计），要评估花的钱值不值。而现在绝大多数人买计算机只看品牌、价格、外观，因为所有销售的计算机在功能、性能上都差不多，都是足够好的了。

第

7

节

通用还是专用?

CPU 永远不可能被 GPU 取代。CPU 是机器的主宰,承担绝大多数通用计算工作。GPU 只是把很少种类的计算使用并行方法,从而算得更快。

——*How CPU and GPU Work Together*,omnisci 网站

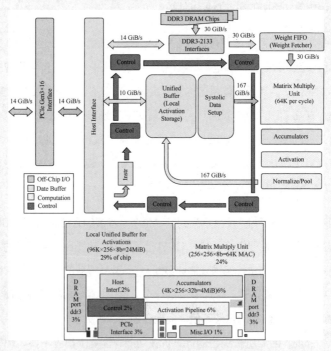

Google 发布的人工智能处理器 TPU 的架构图和芯片布局

(来源:*In-Datacenter Performance Analysis of a Tensor Processing Unit*,International Symposium on Computer Architecture(ISCA),2017.6)

CPU 和操作系统的关系

操作系统是计算机的管理者

操作系统（Operating System，OS）是用来管理计算机资源的软件。计算机资源包括计算机中所有的硬件、软件，例如应用程序、内存、文件、输入 / 输出设备等。操作系统还为用户提供操作界面，让用户更方便地使用计算机。

操作系统也经历了从简单到复杂的发展过程。现在的大型操作系统都是超过千万行代码的巨型软件工程。

最初操作系统的主要功能是加载应用程序。回顾前文提到的 CHN-1 和 CHN-2 计算机，应用程序一旦在内存中确定，那么整个计算机的功能就固定了。如果想要改变汉字的显示内容，还需要重新生成内存中的程序。

下面我们设计一个可以运行操作系统的计算机 CHN-3，利用操作系统实现程序管理，并且可以给用户提供操作界面来方便地切换显示内容，如图 2.14 所示。

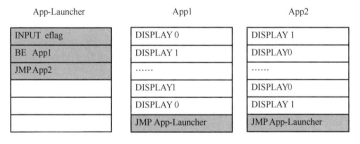

图 2.14　带有操作系统的计算机 CHN-3 存储的三个程序

（1）CHN-3 的机器指令有如下 4 条。

● INPUT　eflag：这条指令用于接收由输入设备传入的数据。执行这条指令时，用户按下两个开关中的一个，输入 0 或 1 到标志寄存器 eflag 中。

- BE addr：这条指令实现条件跳转功能，仅在 eflag 的值为 1 时跳转到 addr 处，如果 eflag 的值为 0 则不做跳转。

- JMP addr：这条指令实现跳转功能，将 addr 的值写入地址计数器，JMP 指令执行完成后，计算机执行的下一条指令是位于 addr 的指令。

- DISPLAY c：这条指令用来在显示屏上显示汉字，c 的值为 0 时显示"关"，c 的值为 1 时显示"开"。

（2）在内存中，同时存储两个执行显示功能的程序。每个程序都是一串 DISPLAY 指令序列，DISPLAY 指令的参数为 0 或 1，包含了要显示的汉字内容。两个程序在内存中位于不同的起始地址，分别称为 App1 和 App2。

（3）在内存中，再增加一个程序 App-Launcher。App-Launcher 包含 3 条指令，功能分别是：INPUT 指令读取用户的开关输入；BE 指令如果检查到用户输入为 1，则加载执行 App1；如果 BE 指令没有跳转，意味着用户输入是 0，则通过 JMP 指令加载执行 App2。

（4）在程序 App1 和 App2 的尾部，分别增加一条指令 JMP App-Launcher，实现程序执行结束后再次返回 App-Launcher 程序。

（5）计算机上电时，地址计数器的初始值设为 App-Launcher。

App-Launcher 实现了一个最简单的操作系统的雏形，执行流程如图 2.15 所示。计算机开机时首先运行的是操作系统 App-Launcher，用户通过开关选择执行哪个应用程序，这就是最早的"人机界面"的概念。App-Launcher

根据用户的输入选择执行哪个应用程序，这就是最早的"程序管理"的概念。

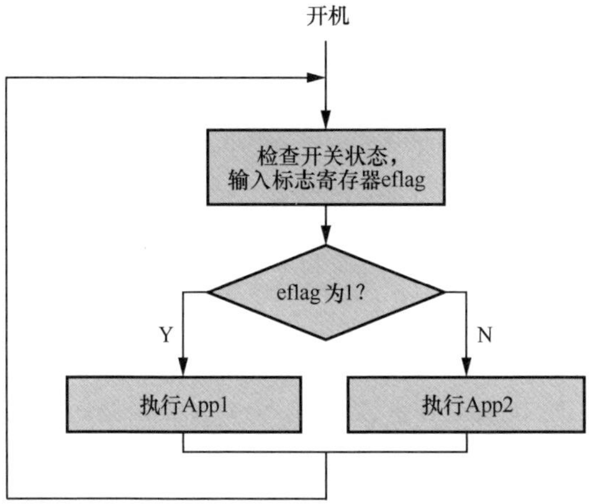

图 2.15　CHN-3 上操作系统的执行流程

有了操作系统之后，计算机的灵活性上了一个台阶。例如，如果要再增加新汉字显示内容，则不需要修改应用程序 App1、App2，只需要在内存中增加新的应用程序 App3，再对 App-Launcher 略做修改，就可以实现在 3 个应用程序中选择执行。再例如，如果要修改计算机执行 3 个应用程序的调用方式，这不是由用户通过硬件开关来选择的，而是 3 个应用程序依次自动运行；也可以简单地修改 App-Launcher 来实现。

从计算机系统结构的角度来看，操作系统是 CPU 和应用程序之间的"中间层"，对下管理 CPU 等硬件资源，对上提供应用程序的运行平台。

世界上最早的操作系统诞生于 20 世纪 50 年代初期，它在相当长的时间里就是作为"任务调度器"（Task Scheduler）在使用。公认的第一台具备操作系统的计算机是 1951 年的 Ferranti Mark 1（见图 2.16），这也是第一台商业上公开销售的计算机。

图 2.16　Ferranti Mark 1

早期操作系统的巅峰之作是 20 世纪 60 年代 IBM 公司的 OS/360，它实现了多个应用程序的自动加载管理和内存的自动分配管理。

1970 年出现的 UNIX 操作系统是一个集大成的里程碑，它除了对应用程序、内存进行管理之外，还对文件、输入 / 输出设备进行了全面管理，基本确定了现代操作系统的核心理论，直到现在 UNIX 仍然是操作系统教学课程的范例。UNIX 发展史如图 2.17 所示。现在常用的 Windows、Linux 操作系统里的核心技术都源自 UNIX。可以说从 UNIX 开始，操作系统让计算机有了灵魂。

此后，操作系统的人机界面经历了从命令行到图形化的转变。一直到 20 世纪 80 年代，个人计算机上运行的大量磁盘操作系统（Disk Operating System，DOS）还是非常原始简陋的，用键盘输入命令来执行应用程序。例如，如果要运行某个应用程序，就输入应用程序的文件名；要删除一个程序，就输入"del"加上文件名。这要求用户要学习并记忆命令的名称和使用方法，导致计算机的使用门槛很高、操作效率很低。

现在我们日常生活中接触到的计算机，主要采用图形化的人机界面，例如 Windows 的"窗口＋鼠标"，或者 Android、iOS 的触摸操作。图形界面是人类历史长河中一个了不起的发明，它改变了计算机的面貌，使计算机从专业工具转变为孩童可用的设备。

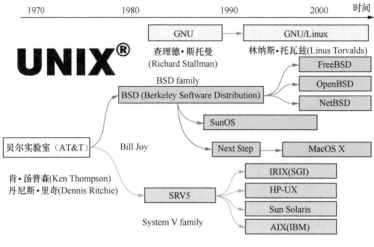

图 2.17　UNIX 发展史

什么是异构计算？

CPU 也像人类社会一样存在专业分工

异构计算（Heterogeneous Computing）是指不同类型的计算单元合作完成计算任务。每个计算单元采用不同的架构，分别擅长处理某一种类型的计算任务。整个计算任务分解为小的单位，分别交给适合的计算单元来处理。

异构计算已经是成熟的架构，其基于两个本质思想。

● 　一个本质思想是"专人干专事"。计算任务是多种多样的，以前计算机中只有一个通用处理器，运行通用的操作系统，"通用"的意思就是什么都能干。人们在实践中发现，可以把一些专门的工作独立出来，针对这种工作设计专用处理器，这些特定的场景包括数字信号处理、3D 图形渲染、人工智能算法等。专用处理器是为了这种特定的工作设计的最优芯片架构，在执行效率上远远高于通用处理器，也有利于降低功耗和缩小芯片面积。

- 另一个本质思想是"把原来软件干的活，交给硬件来做"。在通用处理器上，具体功能由软件来实现。而软件由一段指令序列组成，CPU 一条条地执行这些指令，一个较为复杂的功能往往需要多条指令，导致一个软件的执行时间与指令的数量成正比，需要占用大量指令周期才能完成一项计算任务。专用处理器可以把这样的功能通过一组电路来实现，用硬件实现等同于使用软件执行多条指令的功能，而总的执行时间远远少于用软件实现的执行时间。

异构计算的典型例子是图形处理器（Graphics Processing Unit，GPU）。例如，如果要在计算机屏幕上显示一条线段，因为 CPU 的每一条指令只能显示一个点，所以要执行的指令条数就是线段中包含的点的数量，这样显然是很慢的。为了加快图形的显示速度，可以设计一个专门用于显示图形的处理器（即 GPU），CPU 和 GPU 之间定义协作接口，CPU 只需要告诉 GPU 一条线段的两个端点的坐标，然后由 GPU 转换成线段上每一个点的坐标，再发送给显示器进行显示。

这样的 GPU 可以基于非常简单的结构，但是显示图形的速度可以是通用处理器的上百倍甚至更高。最早的 GPU 直接以硬件方式显示直线、矩形、圆形这些几何图形，称为"2D 硬件加速"功能，后来又支持立体图形的"3D 加速"功能，以及播放高清视频等"视频硬解码"功能。甚至像在屏幕上显示鼠标指针这件"小事情"，由于每台计算机上都要执行，现在也是由 GPU 而不是 CPU 来做了。

在现在的计算机上，如果使用媒体播放软件播放一段高清视频，可以看到 CPU 的执行负载往往不到 5%，就是因为 GPU 分担了绝大部分和显示相关的计算任务。

专用处理器有哪些？

图形、网络、硬盘、音频功能都由协处理器完成

现在的计算机架构都是一个通用处理器加上若干个专用处理器。专用处理器在架构设计上完全不同于 CPU，但是在计算机中的数量远远超过通用处理器。

台式计算机中常见的专用处理器有图形处理器（Graphics Processing Unit，GPU）、网络处理器（Network Processing Unit，NPU）、音频处理器（Audio Processor）、硬盘控制器（Hard Drive Controller），这些专用处理器都是独立工作的硬件，分别承担了图形处理、网络传输、音频输出、硬盘读写等功能，在 CPU 的指挥和调度下协同工作，因此专用处理器还有一个名称"协处理器"，如图 2.18 所示。

在用于科学计算、信号处理的计算机上，经常使用数字信号处理器（Digital Signal Processor，DSP）。

在智能手机上的专用处理器数量更多。随着 AI 技术在移动计算中的普及，手机中开始加入用于 AI 算法处理的神经网络处理器（Neural-network Processing Unit，NPU）等。

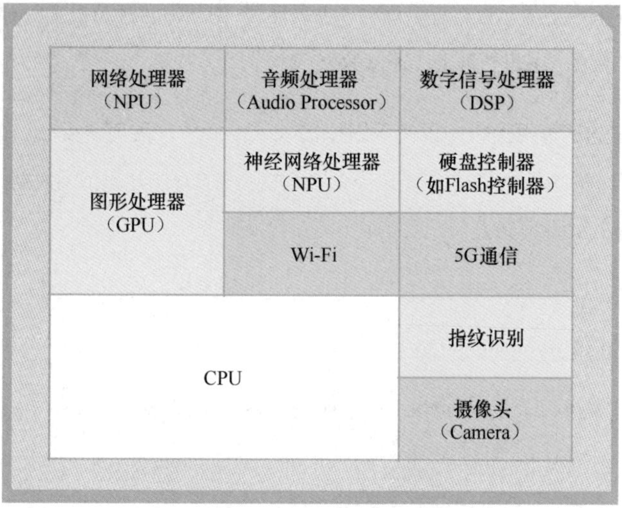

图 2.18　CPU 和专用处理器的协同工作

通用处理器也可以差异化

"性能强"和"功耗低"的芯片搭配使用

除了"通用处理器＋专用处理器"的协同方式，还可以采用在一台计算机上安装不同的通用处理器来协同工作的方式，取得功耗和性能的最好平衡。

ARM 公司的 Big.little 架构在一个芯片中集成两种 CPU 核，一种性能高、功耗高，另一种性能低、功耗低。Big.little 架构适用于像手机这种应用场景多样化又对功耗极其敏感的设备。如果手机需要运行高性能的应用就分配到"Big"的 CPU 核上运行，例如游戏、复杂网页渲染等；如果手机只是运行轻量级任务应用则分配到"little"的 CPU 核上运行，例如打电话、发消息、听音乐等。Big.little 架构可以有效延长移动设备的使用时间，在手机等产品中得到广泛应用。

第8节 飘荡的幽灵：后门和漏洞

早在 20 世纪 70 年代中期，美国南加州大学就提出了保护分析计划
（Protection Analysis Project），主要针对操作系统的安全漏洞进行研究，
以增强计算机操作系统的安全性。

——软件安全漏洞挖掘的研究思路及发展趋势，
文伟平, 吴兴丽, 蒋建春, 2009

360 安全卫士于 2018 年 1 月 5 日推出"CPU 漏洞免疫工具"，主要针对"Meltdown"和
"Spectre"两组 CPU 漏洞

什么是 CPU 的后门和漏洞？

CPU 是一种高度复杂的产品，人们在设计 CPU 时可能有意或无意地引入非正常的功能，导致 CPU 存在后门（Backdoor）或漏洞（Vulnerability）。后门或漏洞都会破坏 CPU 的正常功能，违背 CPU 的安全性要求。

很多资料对这两个概念不加区别地使用，实际上这两者有完全不同的含义。

后门是指能够绕过正常的安全机制的方法。后门通常是设计者有意安排的，但是没有在 CPU 的产品资料中作为正常功能进行公布。后门可以认为是一种"有意设下的秘密通道"。

漏洞是指在 CPU 的设计中存在的一种缺陷，可以被攻击者利用来实现非正常的功能。漏洞通常是设计者产生的疏忽，没有在测试阶段被检查出来，直到投放市场后才被外界发现。漏洞可以认为是一种"不小心造成的隐患"。

使用有后门和漏洞的 CPU 会对信息系统的安全构成巨大的威胁。

谁造出了后门和漏洞？

常见的后门包括以下几种情形。

● CPU 存在未公开的接口来收集用户信息。CPU 的设计者为 CPU 专门定义了一些功能接口，本意是在研制 CPU 时用来获取 CPU

内部状态，方便调试和改进。正常来说，这些功能接口应该在销售的 CPU 中禁用，但是由于设计者希望在将来的计算机中收集用户的运行信息，因此故意保留了这些接口，又没有在产品文档中说明这种功能接口的存在。一旦用户的计算机上安装了这些 CPU，则这些功能接口有可能在用户不知情的条件下收集 CPU 的内部运行信息，泄露用户隐私。这就是一种典型的后门。

* CPU 存在未公开的接口来实现恶意控制。CPU 的设计者为 CPU 专门定义了一些功能接口，可以通过网络进行远程控制，使计算机执行某种恶意的操作，例如异常关机、强行删除文件数据等。用户购买 CPU 时并不知道 CPU 有这样的后门，一旦在计算机上使用，则存在被攻击的风险。

常见的漏洞包括以下几种情形。

* CPU 中采用先进的优化设计，使 CPU 的结构更复杂，也使缺陷的产生机会成倍增长。人在设计的过程中很容易犯错，越是复杂的工程产品越容易发生设计上的缺陷。即使是经过很多工程师的检查，也有可能存在未被发现的缺陷。一款新上市的 CPU 往往会集中显现出多个漏洞，需要多次改版才能消除，甚至有的漏洞会在 CPU 中存在几十年才被发现。

* 测试是保证 CPU 功能的唯一手段，但是测试无法发现所有的漏洞。软件工程中有一条基本原理——穷尽测试是不可能的，这条原理同样适用于 CPU。理论已经证明，由于 CPU 的执行逻辑和输入数据的组合是无限的，因此不可能靠有限的测试用例来实现完全的覆盖。再加上测试用例也是由人设计的，测试用例本身也可能是有缺陷和不足的。所以测试只能证明"暂时没有发现产品有新的漏洞"，而永

远不能证明"产品没有漏洞"。

典型的 CPU 后门和漏洞

现实情况是有漏洞的CPU不在少数

后门和漏洞与 CPU 如影随形。

● 2018 年威盛 C3 处理器疑似后门事件。

威盛公司是一家生产 x86 兼容 CPU 的企业。2018 年,安全领域 Black Hat 大会上的一篇论文 *Hardware Backdoors in x86 CPU* 披露了威盛公司 C3 处理器的一个后门。该论文作者分析了威盛公司注册的多项专利文件,从每项专利文件中找到威盛公司处理器的一些内部原理的描述,再把多项专利文件中的信息片段串联起来,经过大量的摸索尝试,发现在 C3 处理器中存在一条未公开的指令,可以使程序突破正常的安全限制,获取最高权限。作者的测试结果证明这条指令确实存在。而威盛公司没有正面表态此指令是否为有意设置的后门。

● 2016 年的 Meltdown 和 Spectre 漏洞影响全球大量 Intel、ARM 处理器。

现代高性能处理器都会使用一些共性的优化设计方法,例如流水线、缓存、乱序执行、转移猜测等。这些方法交织在一起,极大地提高了 CPU 的复杂度,也埋下了产生设计缺陷的种子。研究者发现只要满足一些组合条件,就可以通过执行正常的指令来获得非法权限,造成数据泄露风险。Meltdown 和 Spectre 漏洞(见图 2.19)由 Google 安全团队

ProjectZero 等机构发现后报告给 Intel，很快得到确认。令人震惊的是，这两个漏洞利用的都是近 30 年间普遍使用的 CPU 基本原理，而在相当长的时间内没有人意识到这两个漏洞的存在。

图 2.19　Meltdown 和 Spectre 漏洞

Intel 公布的受漏洞影响的 CPU 型号列表中，CPU 总数达到 2300 种，甚至有 1994 年发布的 Pentium，还包括后来推出的 1~8 代的酷睿、几乎所有的 Xeon（至强）处理器。ARM 处理器则是从 2005 年发布的 Cortex-A8 直到最新的 Cortex-A77 均受漏洞影响。

● 2017 年 11 月 20 日，Intel ME 漏洞引发业界关于计算机隐私规则的争论。

事情的起因是 Intel 发布了编号为 Intel-SA-00086 的固件更新公告，用于修复 Intel 管理引擎（Intel Management Engine，Intel ME）的一个漏洞。ME 是在 x86 计算机中独立于 CPU 的一个模块，本身包含一个微型的 CPU 和操作系统，还能够与网卡等模块进行通信，用途是实现独立于 CPU 的计算机管理和维护功能，例如远程开机，监测计算机运行状态，在计算机有问题时进行远程维修等。

实际上 Intel 在 2009 年就已经公开了 ME，只是由于这则公告才引发人们对 ME 的广泛关注。大家关注的焦点在于，ME 为计算机增强了管理能力，但是如果 ME 存在漏洞，则拥有的强大权力就会被外界攻破，整个计算机毫无安全性可言。Intel-SA-00086 公告已经证明了 ME 确实曾经存在漏洞，这意味着 x86 计算机曾经处于隐私泄露风险中。

ME 漏洞严格来说是影响整个计算机的漏洞，不是 CPU 本身的漏洞。Intel 提供了在计算机的 BIOS 配置中选择关闭 ME 的方法。

是否采用 ME，本质上属于在方便性和安全性之间的选择问题。无论是站在天平哪一端都有相应的理由。关于 ME 的争论仍在延续。

操作系统怎样给 CPU 打补丁？

打补丁是一种"头痛医头、脚痛医脚"的方法

给操作系统打补丁是解决 CPU 漏洞的一个常用方法。对于已经销售的 CPU，如果发现有严重漏洞，不可能再做硬件修改，又不能一夜之间废弃掉，则可以在操作系统中通过软件的修改来绕开漏洞，防止 CPU 漏洞对信息系统的安全产生影响。

计算机用户如果启用了操作系统的在线升级机制，经常会收到补丁推送通知，其中有的就用于修正最新发现的 CPU 漏洞。

常用的打补丁的方法有以下两种。

一是改变 CPU 的工作模式，在保证功能正常的条件下绕开漏洞的触发条件。

二是关闭 CPU 的一些优化特性，绕开漏洞执行机制，但是这往往会牺牲性能。像 Intel 提供的一个针对 Meltdown 漏洞的软件补丁会降低 40% 的性能。

操作系统打补丁总会有降低性能、不能根治的弊端，最妥善的方法还是从 CPU 硬件上修复漏洞。

在哪里可以查到 CPU 的最新漏洞？

信息越公开，越有助于信息安全

国际著名的安全漏洞库是"通用漏洞披露"（Common Vulnerabilities and Exposures，CVE），如图 2.20 所示。CVE 漏洞库由很多信息安全相关机构组成的非营利组织进行联合维护，组织成员来自企业、政府和学术界。只要是已经发现的漏洞，CVE 都负责进行标准化的命名、编号，形成一个漏洞库，及时发布险情公告和修补措施。

图 2.20　CVE 漏洞库

CVE 是国际权威的漏洞库，也是信息安全领域的权威字典，是事实上的工业标准。

CVE 漏洞库可以在互联网上公开检索，使计算机用户能够更加快速地鉴别、发现和修复计算机产品的安全漏洞。

CVE 列表中的每一个条目都被分配了唯一的编号，编号格式是"CVE-提交年度 - 流水号"。例如，CVE 建立于 1999 年，所以 CVE 收录的第一个问题编号是 CVE-1999-0001。这个问题是 BSD 系列 TCP/IP 协议栈的 ip_input.c 文件中存在的一个拒绝服务攻击漏洞，可以通过向"受害"主机发送一种特定的网络数据报文，使"受害"主机崩溃或停机。

CPU 中发现的漏洞也会收录到 CVE 中。Meltdown 漏洞对应 CVE-2017-5754（乱序执行缓存污染），Spectre 漏洞对应 CVE-2017-5753（边界检查绕过）与 CVE-2017-5715（分支目标注入）。

当然，还有其他一些漏洞库，但它们都会把 CVE 作为一个输入来源，这些漏洞库会实时同步 CVE 的新增条目。其他漏洞库举例如下。

● 美国国家漏洞数据库 (U.S. National Vulnerability Database，NVD)。

● 中国国家信息安全漏洞库（China National Vulnerability Database of Information Security，CNNVD)。

● 中国国家信息安全漏洞共享平台（China National Vulnerability Database，CNVD)。

此外一些大的安全软件厂商也都会维护自己的安全漏洞库，例如赛门铁克、绿盟科技、360 安全应急响应中心等。

Intel 自己也有专门的安全中心，收录 Intel 处理器产品的漏洞信息。例如编号为 INTEL-SA-00086 的漏洞是安全研究人员于 2017 年 12 月公开的一组针对 Intel ME 各种实现的漏洞。

怎样减少 CPU 的安全隐患？

提高自己的技术能力才能增强信息安全水平

CPU 的安全隐患包括后门和漏洞，这两者的性质不同，应对方法也不相同。

后门属于"态度"问题，漏洞属于"能力"问题。

- 加强法规制度、提高企业自律、完善管理流程，使企业加强"不做恶"的意识，能够在很大程度上消除后门。

- 漏洞是工程产品发展过程中固有的属性，是不可能通过人力完全消除的。

"开放源代码"的软件哲学对 CPU 也有一定启示。开放源代码的软件能够经受全世界人们的检验，如果有漏洞则更容易发现。如果只有企业自己掌握源代码，则只能靠企业自己的测试团队来找出漏洞。CPU 也是如此，如果 CPU 能够把设计资料开放出来，能够"放在阳光下"，那么可以汇集全球工程师的力量来提高这款 CPU 的安全性，这样是能够缩短漏洞的发现和解决周期的。

"让所有 CPU 开源"目前还只是一个美好的愿景。由于 CPU 是企业最宝贵的设计成果，商业主流高端 CPU 很少有开源的意愿，因此像 Intel、ARM 这样的公司如果发现产品有漏洞，只能等待原厂来改版、推出新型号，这样时间就会很长。

自主研制 CPU 是保证信息安全的必要工作。中国的信息系统大量采用国外 CPU，包括计算机、服务器、手机、工业控制等各个领域。事实上，很多国外 CPU 都发现过后门和漏洞。问题在于，拿到一款国外的 CPU，如同面对一个黑盒子，无法用外部测试方法来证明一个 CPU 是否包含后门和漏洞。所以说，最危险的事情不是发现 CPU 有后门，而是你根本无法判断 CPU 是否有尚未发现的后门。

所以，要想不受制于人，唯一的办法就是自己掌握核心技术，自己会研制 CPU，自己的计算机使用自己的 CPU，才能消除外来的隐患，自己说了算，而不是别人给什么就只能用什么。

CPU 原理篇
现代高性能 CPU 架构与技术

第 1 节 理论基石

可能没有比布尔代数更简单的运算了。它不仅把逻辑和数学合二为一，而且给了我们一个看待世界的全新视角，开创了今天数字化的时代。

——《数学之美》，吴军

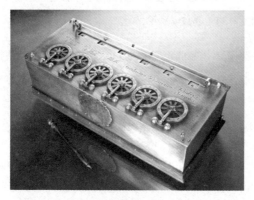

1642年，年仅19岁的法国数学家、物理学家、哲学家布莱兹·帕斯卡（Blaise Pascal，1623—1662）发明了一种机械计算机，可进行加减乘除四种运算，史称"帕斯卡计算机"。

CPU 的 3 个最重要的基础理论

CPU 是数学、电子、计算机科学的交叉结晶

专业的 CPU 设计人员需要学习以下 3 个最重要的基础理论。

- 布尔代数（Boolean Algebra）。布尔代数研究二进制信息的表示和运算，是现代数字计算机的理论基础，是数学和计算机之间的交叉点。1847 年，英国数学家乔治·布尔在小册子《逻辑的数学分析》中介绍了布尔代数，这是一门历史性非常强的学科，也是在几百年间影响世界的重要数学理论。

- 数字电路设计（Digital Circuit Design）。数字电路是指使用 0、1 的二进制逻辑来设计电路的科学。CPU 就是一个数字电路，CPU 对外的引脚上都是采用低、高两种电平来分别代表 0、1 信号，CPU 内部也是采用数字电路模块来计算、存储、传送二进制信号。

- 计算机系统结构（Computer System Architecture）。计算机系统结构讲述整个计算机的原理，包括两方面，一方面是计算机的组成模块，另一方面是模块之间的连接关系。CPU 是计算机系统结构的重要内容，承载了计算机系统最复杂的设计。

研制 CPU 有哪些阶段？

CPU 团队初步细分就有 10 多种岗位

CPU 是一个高度复杂的集成电路，开发团队往往有几百人，从设计到生

产有精细的管理分工。CPU 研制流程如图 3.1 所示。

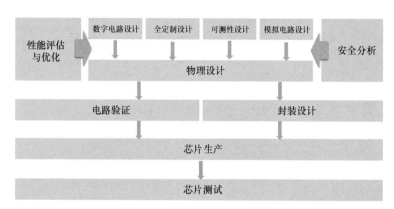

图 3.1 CPU 研制流程

CPU 研制团队有以下岗位。

- 数字电路设计（Digital Circuit Design）。设计 CPU 的数字逻辑，一般采用集成电路硬件描述语言。这是一种现在的数字电路设计普遍采用的类似软件编程的描述语言，能够高效、方便地描述数字电路的功能。例如，龙芯 CPU 采用的是常用的 Verilog 语言，这种语言的语法元素是门电路、数字逻辑、时序逻辑。龙芯 3A4000 的源代码有几十万行的 Verilog 代码。

- 物理设计（Physical Design）。物理设计是确定电路中的每一个元器件在芯片中的实际位置。元器件包括晶体管、电容、电阻、电感，以及它们之间的连线等。物理设计还要进行时序分析，即考虑电信号在每个元器件和每个连线上传输的最小时间，以此确定 CPU 运行的最高主频。物理设计的输出是针对某种 CMOS 半导体工艺形成版图文件，然后交给流片厂进行生产。

- 全定制设计（Full-custom Design）。这是指设计人员完成所有晶体管和互连线的详细版图，可以称为"面向晶体管层面"的电路设计。全定制设计不使用 Verilog 等集成电路硬件描述语言，而是手工排布每一个晶体管，因此能达到较高的性能，代价是会耗费更多的人力和时间。全定制设计经常用于实现 CPU 中对性能要求最高的模块，例如寄存器堆等。

- 可测性设计（Design for Testability，DFT）。可测性设计是在 CPU 中增加一些专门用于测试的电路接口。因为 CPU 非常复杂，在测试时不仅要验证 CPU 对外接口的功能，还需要收集 CPU 内部的运行状态，所以需要在设计 CPU 时提供一些可以控制电路和观察电路的专用接口。在 CPU 设计出现问题时，这些专用接口也可以方便排查错误原因。

- 性能评估与优化（Performance Evaluation and Optimization）。CPU 企业往往有专门人员研究 CPU 性能的提升方法。一是追踪学术界新出现的优化技术，将其纳入本企业的 CPU 中。二是对本企业已经生产的 CPU 进行迭代优化，根据其在实际应用中的性能表现进行评估，找出性能瓶颈并提出解决方法，从而在下一个型号中提升性能。

- 安全分析（Security Analysis）。CPU 企业设置专门人员研究 CPU 安全问题，追踪业界曝出的漏洞、后门，并在设计过程中规避这些风险。同时，对于本企业已经发售的 CPU，证实存在漏洞的，及时发布风险公告，配合操作系统推出升级补丁等修补方法。

○ 电路验证（Verification）。在 CPU 生产之前证明或验证 CPU 的设计方案确实满足了预期功能。电路验证用于找出设计缺陷，防止有问题的 CPU 进入半导体生产线。电路验证有专门的仿真平台，例如在现场可编程逻辑门阵列（Field Programmable Gate Array，FPGA）平台上运行 CPU 的 Verilog 设计源代码，可以模拟 CPU 生产出来的芯片的功能。

○ 模拟电路设计（Analog Circuit Design）。CPU 中会有极少量模块使用模拟电路，例如温度传感器、一些外设控制接口等。处理器芯片以数字电路为主，模拟电路只占很少比例。因此在 CPU 研制团队中，模拟电路设计的工作量一般会少于数字电路设计。

○ 封装设计（Packaging）。CPU 的半导体芯片使用一种绝缘的塑料或陶瓷外壳进行封装。封装后的芯片与外界隔离，可防止芯片因为与空气中的杂质、水分等接触而发生腐蚀，也更便于安装和运输。封装设计工作需要考虑的有 CPU 外壳的尺寸、材料等。

○ 测试（Testing）。对生产完成的 CPU 进行测试，筛选出满足质量要求、可以销售的成品。这个阶段测试的是生产出来的芯片成品，因此也称为"硅后测试"。

上面的这些岗位组合起来，就是一个完整的"专用集成电路"（Application Specific Integrated Circuit，ASIC）设计流程。

龙芯设计团队包含上面各个岗位，很多研发人员已经有 20 年的工作经历，在一个技术领域耕耘多年，把最好的青春都奉献给了中国 CPU 事业。

学习 CPU 原理有哪些书籍？

3 本经典书籍的厚度都超过了5cm

3 本计算机经典著作（见图 3.2）使用大篇幅讲解 CPU 原理，是龙芯研发人员必看的书籍。

图 3.2　计算机经典著作

- 《计算机体系结构：量化研究方法》，堪称计算机系统结构学科的"圣经"。作者之一约翰·L. 亨尼斯（John L. Hennessy）被誉为"硅谷教父"，曾任斯坦福大学校长，他在 1981 年发起 MIPS 架构项目，并创办了 MIPS 科技公司。另一位作者戴维·A. 帕特森是加州大学伯克利分校计算机科学系教授，研制的 RISC 架构后来成为 SPARC 的基础，SPARC 是在 20 世纪 90 年代取得广泛应用的一种 RISC 架构。2017 年，两人共同获得计算机界的最高奖项——图灵奖。

- 《计算机组成与设计：硬件 / 软件接口》，作者仍然是约翰·L. 亨尼斯和戴维·A. 帕特森两位教授。这本书的特点是从整体角度讲述硬件和软件的协作关系。可以说前一本更"硬"一些，这本更"软"一些。

● 《深入理解计算机系统》。这一本是 3 本书里最"软"的，可以作为程序员了解计算机系统的最佳选择。特点是对计算机专业的多门课程进行了概论，在一本书里包括了计算机原理、操作系统、汇编语言、编译原理、程序算法、网络原理的精髓，并讲清楚了这些课程之间的互动关系。读者读完之后能够"既见树木，又见森林"，将知识融会贯通。

国内原创的 CPU 原理教材日趋丰富，龙芯团队在 2011 年出版了一本《计算机体系结构》。这本书的可贵之处是以龙芯 CPU 作为讲解的主线，记录了龙芯研发过程中的珍贵经验。作者结合自身从事龙芯高性能通用处理器研制的实践，将计算机体系结构的知识深入浅出地传授给读者。

上面的几本书主要面向计算机专业工作者，对普通大众未免太过艰深难读。一些浅显易读的入门书可以作为进入"CPU 圣殿"的铺路石。

《CPU 自制入门》是日本工程师编写的，使用不到 5000 行代码实现了一个简单的 RISC 流水线 CPU 原型，适合喜欢动手实操的 CPU 爱好者。

值得关注的是，国内原创的 CPU 自制书籍有增多的趋势，这从侧面反映了国内 CPU 工程师的水平在不断提升。例如，《手把手教你设计 CPU——RISC-V 处理器》讲述了一款商业 RISC-V 嵌入式处理器的代码原理，《自己动手写 CPU》设计了一款兼容 MIPS 指令集架构的 32 位处理器（OpenMIPS），《步步惊"芯"：软核处理器内部设计分析》

介绍了一款成熟的软核处理器 OpenRISC 的设计。

为什么电路设计比软件编程更难?

软件编程喜欢追新潮,电路设计好比老中医

电路设计比软件编程更难,主要有以下 3 个原因。

第一,软件编程语言比硬件描述语言更方便使用。

软件编程语言发展迅速,描述能力强大,把计算机中的复杂原理都隐藏起来,语法类似于自然语言。现在中小学生都能学习 Java、Python 语言来开发应用程序。而硬件描述语言更新换代迟缓,像现在常用的 Verilog 还是 20 世纪 80 年代的产物。

硬件描述语言的描述能力相对较低,需要编程人员掌握数字电路的全部知识才能进行设计,开发效率和软件编程相比低很多,大概位于汇编语言和 C 语言之间,远远低于 Java、Python 语言。

第二,电路系统的复杂程度高于软件系统。电路系统是网状结构,而软件系统是树形的分层结构。

从系统论的角度,一个系统的复杂度不仅取决于模块的数量,还取决于模块之间的调用关系。

软件系统很容易分解为多个独立的模块。由多个小模块聚合成更大的模块,一层层向上组合来构成整个软件系统。每个模块都可以独立地测试来保证功能正确。这就是"高内聚、低耦合"的软件架构设计思想。在这样的系统中，模块之间的调用关系简单。

而电路系统为了追求高性能，模块之间往往采用高度的耦合关系，形成网状结构，每一个模块都和其他模块之间有复杂的调用关系，且各模块之间并行工作。龙芯 GS232 处理器核微结构显示出紧密耦合的"网状结构"，如图 3.3 所示。这可谓是一种"千军万马"的设计方式。

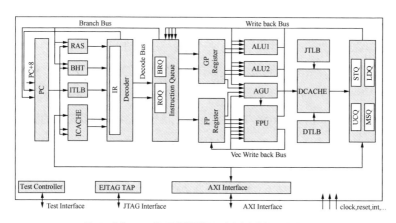

图 3.3　龙芯 GS232 处理器核微结构显示出紧密耦合的"网状结构"

从根本上讲，电路系统很难像软件系统一样用"复杂问题分而治之"的手段来降低复杂度。所以，电路设计工作在很大程度上对个人能力要求更高，一个人的头脑中要同时装下更多信息。这也造成了培养电路设计工程师要比培养软件工程师需要的时间更长。

第三，电路系统中存在大量"有状态"模块，复杂程度高于"无状态"的软件模块。

"无状态"是指一个模块的输出仅由输入决定，内部不具有存储功能。无状态模块的特点是"固定的输入产生固定的输出"，这样的模块非常便于设计和测试。在对模块进行单元测试时，只要输入数据足够丰富、输出数据符合预期，就能保证这个模块的实现是正确的。

现在的软件开发强烈推荐采用"无状态"的模块，具体实现方式就是在编写函数时不要使用全局变量。在互联网系统中，Web Service 架构也是这种思想，网站由大量功能模块提供服务，每个功能模块只执行信息处理功能，对于数据存储功能则交给专门的数据库系统处理。

而电路系统为了提高性能，没有把"信息处理"和"信息存储"两个功能进行切分，很多电路模块都会带有信息存储的逻辑，成为一种"有状态"的模块。"有状态"模块的输出不仅由输入决定，还取决于内部存储的信息状态，也就是电路内部"记忆"的信息。在对"有状态"的模块进行单元测试时，输入数据的规模需要增大很多倍，另外还要考虑时间维度，也就是输入数据按不同的先后次序进行时都要保证模块功能正常。总之，"有状态"的模块非常难以设计和测试，龙芯团队甚至曾经研究过采用人工智能理论来削减电路验证工作量。

第
/
2 EDA 神器
节

EDA 进入中国的最大意义，是使得国内集成电路设计工具开始与世界接轨，结束了过去依靠半手工半自动化的 CAD（计算机辅助设计）时代。设计工具的改善，使得我们在设计手段方面开始向世界水平靠拢，也在一定程度上提高了我们的集成电路设计水平。

——半导体行业观察，2020 年

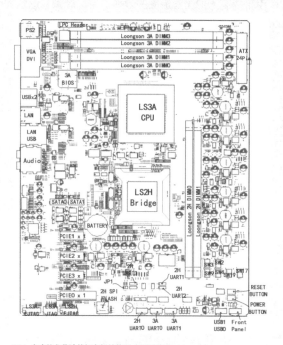

EDA 生成的龙芯计算机主板结构图（2015 年）

CPU 的设计工具: EDA

EDA 是电路设计人员每天使用的工具

电子设计自动化（Electronic Design Automation，EDA）是 CPU 的设计软件，能够将设计复杂集成电路的重复性工作交给计算机软件来自动完成（见图 3.4）。

很多类似的计算机软件都是用来简化设计人员的工作的，这些软件统称为"生产力软件"。例如，办公软件 Office 用来提高人们编写文章、书籍的效率，图像处理软件 Photoshop 用来提高作图效率，还有很多建筑设计软件用来提高人们画建筑图的效率。可以想象，这些软件节省了大量的设计时间，成为不可缺少的工具。

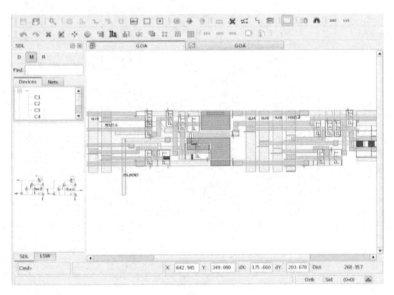

图 3.4 在 EDA 中设计电路

EDA 有两大主要功能：一个是设计，另一个是验证。

* EDA 是对电路进行自动布局、布线的设计软件。EDA 软件起源于 20 世纪 70 年代中期。现在的工程师使用 EDA 来设计 CPU 时，只需要使用 Verilog 代码描述数字电路的逻辑功能，剩下的工作就是使用 EDA 来自动转换成晶体管的布局、自动排布晶体管之间的连线。EDA 还提供时序分析、封装设计、功耗分析等各种功能。

* EDA 还包含一个重要功能，就是提供 CPU 设计代码的验证平台。在流片之前对设计代码进行各种自动化的检查，找出设计代码中的 bug。甚至可以加载设计代码，像真正的 CPU 一样模拟运行。这种模拟运行称为"仿真"，使设计者可以观察 CPU 的执行过程和输出结果，保证设计代码的正确性。

哪些国家能做 EDA？

EDA 是芯片产业"皇冠上的明珠"

全球的 EDA 软件市场中，美国产品份额在 95% 以上，主要厂商是"三巨头"，即新思科技（Synopsys）、铿腾（Cadence）、明导（Mentor）。

"缺少生产力软件"是中国软件行业的一个心头之痛。在办公软件领域，虽然国产软件金山 WPS Office 已经完全满足中文处理的所有功能，但是国内的高校、企业等使用最多的还是微软 Office。在图像处理领域，Adobe 公司的 Photoshop 几乎是独霸整个行业。

EDA 是芯片之母，是芯片产业设计最上游、最高端的行业软件，可以称为芯片产业"皇冠上的明珠"。EDA 属于高复杂度的工程产品,其源代码规模不低于 CPU、操作系统,也是属于需要多年积累的高门槛产品。用于设计 CPU 的高端 EDA 价格贵得出奇,像 Mentor 的产品价格可以高达一年几千万美元,这也成为 CPU 设计成本中不可忽视的一部分,小公司根本负担不起。

中国有十余家提供 EDA 的公司,包括华大九天、芯禾科技、广立微等。但是在产品水平上还有很大差距,例如在工艺上以 16nm 和 28nm 为主,还无法支持先进的 7nm 工艺。国内 EDA 企业加起来的市场份额仅占全球市场份额的 1%。

中国 EDA 的"全流程工具"和国外还有差距,但是在有的"点工具"上已经很好用。中国 EDA 软件的发展仍然任重道远,可能需要 5 年、10 年甚至更长的追赶时间。

有没有开源的 EDA?

简单芯片可以使用开源 EDA 设计

在开源宝库中也有很多 EDA,可以实现低端 CPU 的设计。在学习 CPU 的过程中,可以使用开源 EDA 搭建一个免费的 CPU 设计环境,完成很多嵌入式和控制类 CPU 的设计,足够掌握基本的 CPU 原理。

在设计阶段,使用任何文本编辑器都可以编写 Verilog 代码。Verilog 代码保存在纯文本文件中。一般是每一个模块保存一个文件,整个 CPU 的设计代码分解为很多个文件,合起来称为一个"项目"(Project)。

在验证阶段，推荐一个开源仿真器软件 iverilog。iverilog 的执行过程是"先编译，然后运行"。它首先读取 CPU 项目的 Verilog 描述代码，转换成实际的数字电路，再进行仿真运行，显示出 CPU 电路的状态变化。CPU 电路的状态体现在各模块中的 0、1 值的变化，可以采用另一个工具 gtkwave 进行查看，0、1 值随时间的变化很像是波浪的高低起伏，因此这个步骤也称为"看波形"，如图 3.5 所示。

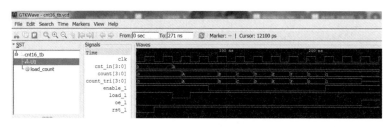

图 3.5 在 gtkwave 中查看电路波形

使用 iverilog 可以完成大部分 CPU 原理教学书籍的设计实验，因此 iverilog 也是龙芯团队新人在入门阶段的学习工具。这些开源 EDA 甚至可以在龙芯计算机上运行，实现"用龙芯计算机设计龙芯 CPU"。在龙芯计算机上可以使用的开源 EDA 有几十种，详细列表可以参考龙芯开源社区版操作系统 Loongnix 的软件包列表 [1]。

像写软件一样设计 CPU：Verilog 语言

Verilog 对电路设计工程师的意义，就像 C 语言对软件工程师的意义

Verilog 是用于数字电路设计的语言。Verilog 能够使用抽象的语法描述

---

[1] http://ftp.loongnix.cn/os/loongnix/1.0/os/repoview/electronic-lab.group.html

电路的外在功能，而不需要描述电路实现的全部细节。

使用 Verilog 设计电路的优点是能够简化设计工作量，使用较少代码即可描述复杂的电路，同时易于保证电路设计正确。Verilog 基本语法如表 3.1 所示。

表 3.1 Verilog 基本语法

语法	功能	语法	功能
module	定义一个电路模块	operator	运算符
wire	定义电路连线	if-else	定义选择结构
reg	定义存储单元	for、while、repeat	定义循环结构
assign	定义组合电路	function	定义函数
always	定义时序电路	initial	电路初始动作

Verilog 语法包含了组成数字电路的基本元素。

● 以"模块"（module）作为电路的设计单位。Verilog 设计风格推荐对电路进行模块化分解，每个模块单独保存在一个源代码文件中。在设计模块时，需要定义名称、输入端口、输出端口，并描述内部电路的构成。模块封装了一个固定的功能，已定义的模块可以嵌入更大的模块中，整个电路形成一种树形的层次嵌套结构。

● 数据传输部件"连线"（wire）和数据存储部件"寄存器"（reg）。连线是电路中用于传输电信号的部件，在连线的一端产生的 0、1 值经过一定时间后传输到连线的另一端。寄存器是可以保存 0、1 值的单元，寄存器外部有输入、输出引脚，0、1 值可以通过输入引脚传送到寄存器中保存起来，并且在需要时通过输出引脚读取出来，实现电路的"记忆"功能。

◦ 对电信号进行加工转换的各种"运算符"（operator）。运算符包括几类，算术运算符对二进制信号进行加、减、乘、除运算，逻辑运算符对二进制信号进行与（and）、或（or）、非（not）等运算，移位运算符可以对寄存器中的数据进行左移、右移的转换，拼接运算符可以把多个独立的信号组合成一个包含很多位的整体信号。

◦ 用于控制电路的时钟信号（clock）。CPU 中的大部分模块是在输入的时钟信号控制下工作的，Verilog 可以描述电路只在时钟信号发生某种变化时才执行功能，例如在时钟信号由 0 变成 1 时才进行取指令的操作。

◦ 像软件编程一样描述选择、循环等电路控制结构。Verilog 支持 if-else 语法，电路根据输入信号的值来执行不同的输出功能。Verilog 还支持循环语法，描述电路在一定条件下重复执行某种计算功能。

◦ 一组具有默认电路功能的单元库。EDA 往往会提供电路设计中常见的模块，设计者可以直接使用。例如在 CPU 中常用的加法器、乘法器，甚至存储器，都可以直接使用 EDA 提供的现成模块。这样的模块组成了单元库。高端 EDA 的一个特点就是提供丰富的单元库。

◦ 规定电路的各种限制条件——设计约束（Design constraints）。电路除了要实现所需的功能，往往还要满足一定的限制条件，最重要的 3 个限制条件是时序（模块执行功能的最短时间或信号在模块间传输的最短时间）、面积（模块所占的最大尺寸）、功耗（模块执行功能所需要的最小电量）。这些限制条件称为"设计约束"，在模块的源代码中描述，EDA 可以自动检查这些限制条件是否能够被满足。

- 对模块进行调用和测试的代码。在 Verilog 源代码中，可以定义一种附属于模块的测试代码片段，在测试代码中引入所定义的模块，并规定模块的初始输入数据。EDA 仿真平台在运行测试代码时，可以模拟实现模块的功能，生成相应的输出数据，供测试人员确认电路是否正常工作。

从抽象到实现：设计 CPU 的两个阶段

CPU 的设计分为"前端""后端"两个阶段

和 Verilog 相关的还有以下几个专业术语。

由于 Verilog 描述的是抽象电路结构，而不是真正实现电路的门单元，因此 Verilog 源代码被称为寄存器传输级（Register Transfer Level，RTL）模型，即描述信号数据在寄存器之间的流动和加工控制的模型。

如果要生产芯片，还需要得到真正实现电路的门单元，这需要使用一个工具把 RTL 源代码自动转换成用门单元组成的电路，这个过程称为"逻辑综合"（Logic Synthesis）。经过逻辑综合后，电路以门级（Gate Level）模型描述门单元以及门单元之间的连接关系，可以理解为门单元组成的一张网，所以这样的模型称为"网表"（Netlist）。

从 RTL 模型转换至门级模型，是从高层抽象描述到低层物理实现的转换过程，类似于软件编程中使用编译器将高级语言转换成机器语言。

以网表为分界点，整个 CPU 的设计可以分为"前端""后端"两个阶段。在第一个阶段中，使用 Verilog 进行 RTL 设计，描述的是电路的逻辑功能，因此称为"逻辑设计"。在第二个阶段中，网表还要经过布局布线才能确定晶体管在芯片中的实际位置，形成交付给流片厂商的最终成品——版图，这个过程称为"物理设计"。从 Verilog 源代码到版图的流程如图 3.6 所示。

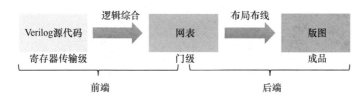

图 3.6　从 Verilog 源代码到版图

开天辟地：二进制

布尔值最好的一点是，就算你错了，也顶多错了一位而已。

——佚名

莱布尼茨为奥古斯特公爵制作的二进制纪念章

二进制怎样在 CPU 中表示?

以晶体管的引脚上电压的低、高代表二进制的0、1

CPU 内部以二进制的 0、1 值来表示各种数据信息，如图 3.7 所示。在具体实现一台计算机时，需要物理器件能够以不同的状态来体现 0、1 值，或者说把 0、1 值"映射"到物理器件的不同状态上。

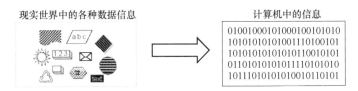

图 3.7　用二进制表示现实世界中的各种数据信息

晶体管是 CPU 的基础构成单元。现代的半导体生产工艺中，物理器件的最小单元是 CMOS（Complementary Metal Oxide Semiconductor，互补金属氧化物半导体）晶体管（见图 3.8）。这是粒度在纳米级的一种单元，组成的材料主要是硅、二氧化硅、金属、多晶硅。

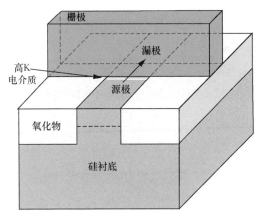

图 3.8　CMOS 晶体管

科学家使用上面的材料制成 CMOS 晶体管，其基本特性是在电压的控制下实现"导通"或者"关闭"状态。导通是指晶体管中可以流过电子，关闭是指晶体管呈现绝缘状态、不允许电子通过。这样的 CMOS 晶体管就像是电路中的一个开关，电子的流过就像是水从水龙头中流出，而控制水龙头的旋钮就是电压。

CMOS 晶体管中，引脚电压的低、高就可以代表二进制的 0、1。

从 CMOS 晶体管出发，可以组合成更大规模的二进制电路。两个晶体管可以组成一个"反相器"，实现二进制的"非门"功能，即当输入为低电压时输出为高电压，反之亦然，如图 3.9 所示。

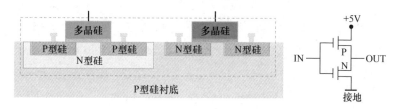

图 3.9　两个 CMOS 晶体管组成一个反相器（OUT 的输出电压总是和 IN 的输入电压相反），这是数字电路的基本单元

根据布尔代数理论，使用"非门"可以构成所有的二进制计算单元，包括与门、非门、与非门、或非门等。门电路通过不同的方式组合起来，能够实现所有的二进制计算功能。门电路还可以实现能够记忆 0、1 值的存储单元。

整个 CPU 就是从小小的 CMOS 晶体管出发，逐层叠加，实现二进制信息的加工和记忆功能。这个过程包括两方面的驱动力，一方面是科学家提供数学理论，布尔代数使用二进制数据可以实现所有信息的表示、加工、存储；另一方面是工程师发明物理器件，以 CMOS 晶体管承载二进制数据，并努力使其体积越来越小、速度越来越快、功耗越来越低。

硅在自然界分布很广，在地壳总质量中占比为 26.3%，是组成岩石矿物的一个基本元素。这是现代信息产业有"硅工业"称号的来源。

从二进制到十进制：CPU 中的数值

任何十进制数字都可以转化为二进制来表示

CPU 中采用二进制开关电路的组合，来表示现实世界中的十进制数值信息。

"数制"理论提供了不同进制的数值表示和转换方法。任何一个 N 进制的数字体系都符合以下规则。

- 字符表：采用从 0 到 $N-1$ 的字符，作为一个数字的基本表示单元。

- 权重：一个数由若干个字符组成，从最低位到最高位排列，每一位上的数值单位从小到大增长。如果最低位记为从第 0 位开始，则第 n 位上的数值单位是 N^n，这个数值单位称为权重。

任何一个 N 进制的数字体系都能够表达所有的自然数（包括 0）。基于这个定理，任何一个二进制数字都可以转换成一个十进制数字，使用 8 位寄存器表示十进制数字 183 如图 3.10 所示。反过来讲，现实世界中的十进制数值信息都可以"映射"到 CPU 中的若干晶体管单元中。

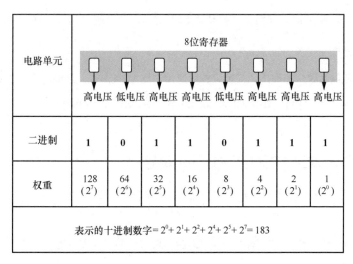

图 3.10　使用 8 位寄存器表示十进制数字 183

从自然数到整数：巧妙的补码

补码巧妙地简化了加、减法的电路实现

整数包括正数、0、负数，可以理解为在自然数基础上增加一个符号位。例如以最高位为符号位，0 表示正数，1 表示负数。那么 −183 的二进制数字为 "1 10110111"，最高位增加的 1 就代表负号。这种带符号的二进制表示方法称为 "原码"。

使用原码进行加减运算有一个麻烦的地方，就是需要对符号位、数字位分别进行判断，这样会使运算电路很复杂。

实际的计算机中采用一种 "补码" 表示方法，很巧妙地简化了符号位处理。正数的补码和原码相同，负数的补码是原码中的所有数字按位取反后再整体加一。

使用补码进行加减运算就方便了很多，可以将符号位和数值域统一处理，加法和减法也可以统一处理。意思是做加法运算就是按位相加，不用再区分符号位和数字位；做减法运算 A−B 时，可以转化为 A+(−B) 来处理，只需要将 B 整体按位取反后再加 1，然后还是和 A 做加法运算。

所以现在的 CPU 中只有加法器，没有减法器，就是得益于补码的发明。

补码的发明时间远远早于数字计算机。1645 年数学家帕斯卡（Pascal）发明了一台机械式齿轮结构的计算器，这是人类史上第一台能做加减法的机械计算器，它就是用的十进制补码。现在所有的数字计算机，包括每个人身边的手机，用的都是补码的表示方法。

CPU 中怎样表示浮点数？

数字计算机不能精确表示无限小数

CPU 中不仅能计算整数，还能计算带有小数点的实数。实数是科学计算中经常使用的数据类型。

实数可以分成小数点前、小数点后两部分。从直觉出发，计算机只需要使用固定宽度的寄存器来分别保存这两部分就能够表示实数。但是这种做法有一个问题，能够表示的实数范围太小了。例如，如果小数点前使用 32 位寄存器，那最大只能表示 2147483647（2^{32}），大约就是 10^9，超过这个数字就无法表示，这对很多科学计算来说是不够用的。

实际计算机中采用"浮点数"（Floating Point Number）的格式来表示有小数点的实数。浮点数的意思是小数点的位置不是固定的，而是可以灵活地处理小数点前、小数点后的存储位数，从而能表示更大范围的实数。

浮点数表示方式的基础是"科学计数法"，即将一个实数分成两部分，分别是底数、指数。例如，125.62 的科学计数法表示是 1.2562×10^2，这里面的底数是 1.2562、指数是 2，所以计算机只需要保存以下两部分。

- 底数中"1"后面的部分"2562"。

- 指数 2。

国际上的计算机都遵循一个标准 IEEE 754，这个标准就是采用上面的思想来保存浮点数，使用一个固定宽度的寄存器来保存底数、指数这两部分。

IEEE 754 规定了两种位宽的浮点数，一种是单精度数，32 位，最大可以表示 3.4×10^{38}；另一种是双精度数，64 位，最大可以表示 1.8×10^{308}，这远远超过定点数据能够表示的数值范围，足够满足绝大多数现实中的科学计算需求了。

龙芯 CPU 也是采用遵循 IEEE 754 的方式来保存浮点数。龙芯 CPU 中有一组浮点寄存器，同时还实现了对浮点数进行加、减、乘、除等运算的浮点运算器，这是和定点运算器相独立的模块。

到此为止，我们看到了计算机如何使用二进制开关电路来表示现实世界的整数、实数。值得一提的是，计算机中的实数和数学意义上的实数不同，数学中的实数包括有限小数、无限小数，计算机只能保存有限小数，不能保存无限小数，更不能保存无理数（无限不循环小数）。

第 / 4 节

CPU 的天职：数值运算

跟计算机工作酷就酷在这里，它们不会生气，能记住所有东西，还有，它们不会喝光你的啤酒。

——保罗·利里，吉他手

算筹——我国古代的一种计算工具

CPU 怎样执行数值运算?

加法器是CPU最基础的运算单元

CPU 的数值运算功能以二进制的"加法器"为基础。

最简单的加法器实现"1位"的二进制加法运算,称为"1位加法器"。1位加法器有 3 个输入信号 A、B、C_{in},有两个输出信号 S、C_{out}。A、B分别是加数和被加数,C_{in} 是从低位来的进位。S 是相加后的值,C_{out} 是向更高位的进位。

1 位二进制加法器的所有可能结果可以手工列举出来,如图 3.11 所示。这个电路使用 10 多个晶体管就可以实现。

输入			输出	
A	B	C_{in}	S	C_{out}
0	0	0	0	0
0	0	1	1	0
0	1	0	1	0
0	1	1	0	1
1	0	0	1	0
1	0	1	0	1
1	1	0	0	1
1	1	1	1	1

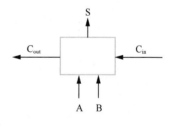

图 3.11　1 位二进制加法器

多位的加法器可以通过将多个 1 位加法器进行"串联"来实现。例如在一个 32 位 CPU 中,每次要计算两个 32 位二进制数的加法,这需要使用一个 32 位加法器,只要用 32 个 1 位加法器串联起来,计算时从低位向高位依次计算,并将低位的 C_{out} 作为高位 C_{in} 的输入即可,其原理和小学算术"列竖式"做加法是完全相同的。

乘法器也是 CPU 中常见的数值运算单元。最简单的乘法器可以使用一种"移位加"算法，和小学数学中"列竖式"做乘法的原理相同。

CPU 进行数值运算的方法在 20 世纪 60 年代得到了快速发展，科学家提出了很多改进的高速算法，把数字电路做数值运算的功能挖掘到了极致，现在已经很少再有新的算法出现了。龙芯 CPU 使用的数值运算部件也都沿用了这些历史上的经典算法。

什么是 ALU？

ALU 执行的都是最基础的计算功能

算术逻辑单元（Arithmetic and Logical Unit，ALU）是实现多种数值计算功能的部件。早期计算机由于集成度低，一个模块不可能太复杂，只能把不同的计算功能使用独立的模块实现，而现代集成电路工艺可以在一个模块中同时实现多种计算功能。

ALU 的常见功能如下。

- 算术运算：加法、减法、乘法、除法、余数。

- 移位运算：左移、右移。

- 逻辑运算：与、或、非、异或、取反。

- 比较运算：是否相等、大于、小于。

● 地址运算：求跳转地址（将当前指令地址加上一个偏移量）。

用于科学计算的高级 ALU 还可实现指数运算、对数运算、三角函数、开根号等更复杂的功能。

ALU 的运算功能都可以通过数字电路的设计来实现。ALU 模块的典型结构包括两个输入 A 和 B（源操作数）、一个输出 S（计算结果）、一个控制端 ALUop（用来选择不同的运算功能），如图 3.12 所示。

有的 CPU 可以同时执行多条计算指令，所以需要包含多个独立的 ALU。像龙芯 2 号包含 5 个运算模块，分别

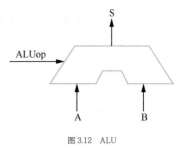

图 3.12 ALU

是 2 个整数运算 ALU、1 个地址运算 ALU、2 个浮点运算 ALU，这 5 个模块可以同时工作，计算速度比单个 ALU 提高了几倍。

什么是寄存器？

现代高性能CPU中几十个寄存器也就够用了

寄存器（Register）是 CPU 中用于存储数据的单元。在运算器、控制器中，都需要有记忆功能的单元来保存从存储器中读取的数据，以及保存运算器生成的数据，这样的单元就是寄存器。

这一系列单元使用"寄存器"的名称主要是为了和存储器（Memory）相区分。两者都有记忆功能，区别在于存储器是位于 CPU 外部的独立

模块，而寄存器是位于 CPU 内部的单元。存储器的容量要远远大于寄存器。存储器保存了程序的输入数据和最终结果，而寄存器保存的是计算过程中的中间数据，更具有"瞬时性"。

寄存器有以下种类。

- 数据寄存器：用于保存从存储器中读取的数据，以及运算器生成的结果。针对不同的数据类型，又可以分为整数寄存器、浮点寄存器。

- 指令寄存器：用于保存从存储器中读取的指令，指令在执行之前先暂时存放在指令寄存器中。

- 地址寄存器：用于保存要访问内存的地址。它也分为两种，一种用于保存 CPU 下一条要执行的指令地址，这种寄存器又称为程序地址计数器（Program Counter，PC）；另一种用于保存指令要访问的内存数据的地址。

- 标志位寄存器：用于保存指令执行结果的一些特征，例如一条加法指令执行后，结果是否为 0、是否溢出（Overflow，即超出数据寄存器的最大位宽）等。这些特征在标志位寄存器中以特定的位进行表示，可以供程序对计算结果进行判断。

寄存器的一个重要概念是"位宽"，即一个寄存器包含的二进制位的个数。通常所说的"CPU 是多少位"也就是指 CPU 中寄存器的位宽。更大的位宽意味着计算机能表示的数据范围更大、计算能力更强，但也增加了 CPU 的设计和实现成本。历史上的 CPU 从 8 位、16 位发展而来，现在的计算机绝大多数采用 32 位或 64 位的 CPU。64 位 CPU 已经满足绝大多数现实生活中的信息处理需求，主流台式计算机、服务器暂时没有 128 位 CPU 的实际需求。龙芯 1 号都是 32 位的，龙芯 2 号、3 号都是 64 位的。

CPU 中经常将一组寄存器单元使用一个模块来实现，形成寄存器堆。寄存器堆的典型结构包含 3 个端口，一个是地址端口（用来选择要读写的寄存器编号），一个是读 / 写控制端口（控制是向寄存器单元写入还是从寄存器单元读出），还有一个是数据端口（从寄存器单元读出或向寄存器单元写入的数据），如图 3.13 所示。

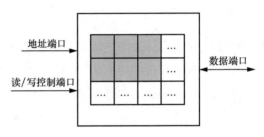

图 3.13　寄存器堆的典型结构

第

5 流水线的奥秘

节

1913 年，福特汽车公司开发出了世界上第一条流水线，这一创举使福特
T 型车一共达到了 1500 万辆。售价也从最初的 850 美元，降低至 240 美元。
亨利·福特被称为"给世界安上轮子的人"。

——《百年流水线的前世今生》，中国工业和信息化，2018

福特汽车公司（1913 年）的汽车装配流水线

什么是 CPU 的流水线?

CPU 的一条指令切分成不同阶段,分别由不同的硬件单元执行

流水线(Pipeline)是指 CPU 将一条指令切分成不同的执行阶段,不同的阶段由独立的电路模块负责执行,宏观上实现多条指令同时执行。

回顾在 CPU 概览篇介绍的 CHN-1 原型计算机中,一条指令分成以下 4 个执行阶段。

(1)计算指令地址(Address Generating,AG):地址计数器增加 1。

(2)取指令(Instruction Fetch,IF):从存储器中取出指令,放入指令寄存器。

(3)执行指令(Instruction Execute,EX):指令寄存器的内容输入运算器(即点阵生成器),生成汉字点阵,存入数据寄存器。

(4)显示汉字(Display Character,DC):数据寄存器的内容输出到显示器,显示汉字。

对于一条指令,这 4 个阶段必须按严格的先后顺序执行,可以表示为 "AG → IF → EX → DC"。在每两个阶段之间,采用寄存器来保存上一个阶段的临时结果,如图 3.14 所示。

通过简单的改进,可以设计一台流水线计算机 CHN-4。由于在任何时刻,4 个阶段中必须只有一个在工作,这可以通过时钟节拍来控制,把 CPU 的主频进行 "4 分频",即 4 个独立工作的频率,任何时刻只有一个频率驱动相应阶段来工作,其余阶段则处于等待工作状态。完整执行

一条指令的时间是 4 个时钟节拍。

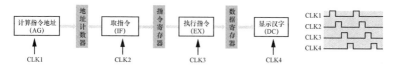

图 3.14　将一条指令切分为 4 个阶段

如果执行两条相邻的指令，最简单的方法是先执行第一条指令、再执行第二条指令，即"$AG_1 \rightarrow IF_1 \rightarrow EX_1 \rightarrow DC_1$""$AG_2 \rightarrow IF_2 \rightarrow EX_2 \rightarrow DC_2$"的顺序，完整执行两条指令的时间是 8 个时钟节拍。但是这样会造成工作效率低下，因为在每条指令执行过程中，任何时刻只有一个阶段在工作，其余 3 个阶段都处于"闲置"状态。

计算机的制造者发现流水线是可以"叠加执行"的，从而极大提高了 CPU 的工作效率。在第一条指令执行 IF_1 时，第二条指令完全可以提前开始执行 AG_2，因为两者使用的是不同的硬件模块，即使是同时工作也不会互相干扰。宏观上看，两条指令的执行时间有"并行"的叠加部分，用来执行两条指令的完整时间缩短为 5 个时钟节拍，如图 3.15 所示。

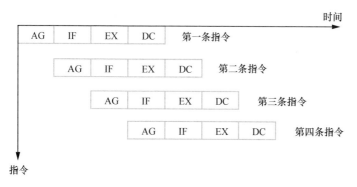

图 3.15　两条指令的并行执行

CHN-4 演示了"4 级流水线"CPU 的核心概念，最多可以实现 4 条指令的并行执行。CPU 还可以切分为更多级流水线，在每一级中做更少量的工作，像龙芯 3A4000 实现了 12 级流水线。

流水线技术在 CPU 中的出现时间非常久远，可以查到早在 1958 年伊利诺伊大学制造的 ILLIAC 2 型计算机就使用了 3 级流水线：取指令、译码（分析指令要执行什么功能）、执行指令。

流水线目前已经成为现代 CPU 的基础架构，这是一种原理简单、使用数字电路很容易实现的优化方法。从高性能科学计算 CPU 到低端嵌入式 CPU 都可以采用，在手机 CPU 中也是必定会采用的架构。

在 CPU 原理著作中，流水线往往作为"开篇第一课"，弄懂流水线的原理已经可以算是初窥 CPU 门径。市面上大多数"自制 CPU"书籍的内容都是实现 5 级以下的简单流水线。

流水线级数越多越好吗？

工程设计向来都是多元因素的综合决策

设计 CPU 时可以任意选择使用流水线的级数，但是流水线级数并不是越多越好，因为增大流水线级数会同时带来好处和坏处。

增大流水线级数最直接的好处是可以提高指令的并行度。将一条指令切分为更多阶段，使用更多的独立模块"叠加运行"指令，相当于增多了可以同时执行的指令数量，一定时间内能够执行的指令更多，术语叫作"提高吞吐率"，这样是可以提高 CPU 性能的。

另外一个好处是可以提高 CPU 主频。由于每个阶段执行更少的功能，这样可以缩短用于控制每个阶段的时钟节拍，CPU 能够在更高的主频下工作。直观上容易诱导消费者认为"更高的主频带来更高的性能"，从而更有利于在市场上赢得份额。

但是增大流水线级数也有负面影响。首先，由于在每两个相邻阶段之间都需要增加寄存器，因此会增大电路的复杂度，占用芯片的电路面积也就越大，容易增加成本、功耗。其次，增加的寄存器也会使数据的传输时间变得更长，增加了执行指令的额外时间。再加上其他一些复杂机制的影响（转移猜测、指令相关性等），这些负面影响有可能会抵消增加流水线级数带来的正面影响。

在 2000 年前后的桌面处理器市场中，曾经出现过"流水线级数多的 CPU 性能反而变低"的实例。当时 Intel 和 AMD 竞争激烈，而普通消费者往往只根据主频来挑选 CPU。1999 年 AMD 发布了基于 K7 架构的 Athlon 处理器，成为第一款 1GHz 主频的消费级 CPU，其主频、性能都超越了 Intel 当时的 Pentium 3。Intel 为了扭转劣势，在 2000 年推出了新一代 NetBurst 架构的 Pentium 4，最大的特点就是使用级数更多的流水线实现更高主频，达到 1.4GHz，从此拉开了持续 10 多年的主频大战序幕。Pentium 3 的流水线只有 11 级，而 Pentium 4 提高到 20 级，后来达到了惊人的 31 级。上市不久就被发现，Pentium 4 实际计算速度居然低于 Pentium 3 和 Athlon。很多消费者此时才意识到被"主频"蒙蔽了双眼，掏更多的钱并没有得到更高性能！

第 **6** 节 乱序执行并不是没有秩序

Pentium Pro 采用乱序执行技术，性能明显高于前一代 Pentium。

——*The History of Intel CPUs*

乱序执行类似于借道超车

什么是动态流水线？

动态流水线中指令的实际执行顺序和软件中出现的顺序不同

"动态流水线"是消除指令之间依赖关系对流水线效率的影响，通过重新排列指令执行顺序来提高 CPU 性能的一种优化技术。

相邻的指令之间存在依赖关系，这种依赖关系称为"指令相关性"。指令相关性导致流水线必须阻塞等待来保证功能正确。假设有相邻的两条指令 A 和 B，A 指令计算的结果数据要作为 B 指令的输入数据，这种情况称为"数据相关"。那么在 A 指令执行的过程中，B 指令不能进入流水线，只有等到 A 指令执行结束才能开始执行 B 指令。这意味着数据相关性造成指令必须严格地依次执行，不能发挥流水线"在同一时间并行执行多条指令"的优势。

还有一种相关性称为"结构相关"，是指 CPU 结构的限制导致指令不能并行执行。例如相邻的两条指令 A 和 B 都要进行乘法操作，而 CPU 中只有一个乘法运算部件，那么也无法在流水线中同时执行 A 和 B，只有当 A 指令使用完乘法运算部件后 B 指令才能使用。

上面两种指令相关性的原因不同，但是都会造成流水线中需要插入"等待"时间，从而降低了 CPU 性能。

计算机科学家发现，重新排列指令的执行顺序可以消除相关性、减少等待时间。本质思想是"前面的指令如果阻塞，后面的指令可以先执行"。例如，有 3 条指令 A、B、C，A 和 B 存在相关性，但是 A 和 C 没有相关性，那么在 A 执行期间，必须让 B 阻塞等待，而 C 指令是完全可以进入流水线执行的，如图 3.16 所示。通过这样的重新安排，A 和 C 又实现了"在同一时间并行执行"，3 条指令可以使用更短的时间执行完成。

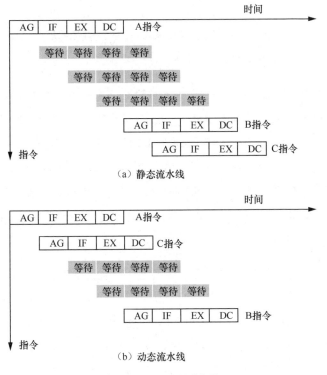

图 3.16 动态流水线减少等待时间

动态流水线是 CPU 使用电路硬件判断指令相关性，对没有相关性的指令进行重新排列的一种技术，也称为"动态调度"技术。不支持动态调度的流水线则称为"静态流水线"。

绝大多数计算机、手机的 CPU 都实现了动态流水线。只有在性能要求较低的嵌入式 CPU、微控制器 CPU 中才使用简单的静态流水线。

动态流水线的经典算法：Tomasulo

学会了Tomasulo算法可以算是半个CPU专家了

动态流水线历史悠久。1966 年 IBM 的 360/91 采用了一种经典的
Tomasulo 算法（见图 3.17），确立了动态流水线的基本思想[1]。

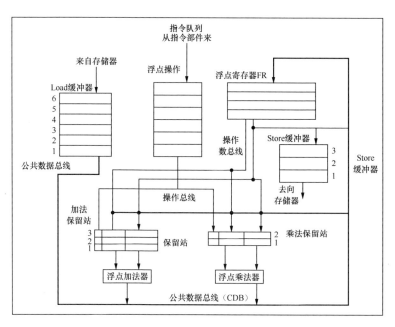

图 3.17　Tomasulo 算法图示

动态流水线的典型电路结构中，"保留站"（Reservation Station）是新

[1]　Anderson D W, Sparacio F J, Tomasulo R M. The IBM System/360
Model 91-Machine philosophy and instruction-handling(IBM System/360
Model 91 machine organization alleviating disparity between storage time
and circuit speed). 1967.

增的电路单元，用来保存一组等待执行的指令，在有的文献中也称为"发射队列"（Issue Queue）。

保留站的位置在指令队列和计算单元之间。指令在计算之前先暂存在保留站中，每次可以同时取若干条指令进入保留站。保留站中的每一项包含以下信息。

- 操作类型：即指令要执行的计算功能，例如加法、减法、乘法、除法。

- 源操作数的值：如果指令的操作数已经得出计算结果（术语叫作源操作数"就绪"），则保存其数值。

- 源操作数的指针：如果指令的操作数还没有得出计算结果，则保存用于生成该操作数的保留站编号。

在寄存器组中，每一个寄存器单元除了保存浮点数值，也增加一个指针，指向最后生成该单元值的保留站编号。

保留站的执行机制是"挑选源操作数就绪的单元先执行"。保留站对所有单元进行检查，只要某一个单元的源操作数的值已经就绪，就可以立即送入计算单元来执行。这样就实现了"让没有数据依赖关系的指令先执行"。

指令执行结果通过"公共数据总线"（Common Data Bus，CDB）写回保留站和寄存器。假设刚执行完的保留站单元编号是 N，生成的计算结果为 V。执行结果通过一条 CDB 送回到保留站，对保留站进行更新，将所有指向保留站单元 N 的指针位置的源操作数设为刚刚计算完成的值 V。CDB 还把执行结果送回到寄存器，将所有指向保留站单元 N 的寄存器单元值设为 V。

Tomasulo 算法的本质思想是，保留站把有序的指令变成无序的执行，并且通过保留站中的"源操作数"域保存每条指令的临时计算结果，使得最终结果正确。

什么是乱序执行？

乱序执行：有序取指、重新排列执行顺序、有序结束

乱序执行（Out-of-Order Execution）是指在 CPU 内部执行过程中，指令执行的实际顺序可能和软件中的顺序不同。动态调度就是实现乱序执行的一种典型方法。

乱序执行的特点是"有序取指、重新排列执行顺序、有序结束"，意思是指令的结束顺序也要符合软件中的原始顺序。

乱序执行是 CPU 内部的执行机制，对程序员是不可见的。程序在支持乱序执行的CPU 上得到的结果，和顺序执行每条指令得到的结果必须是相同的。

Tomasulo 算法是乱序执行的经典算法，现代 CPU 中的乱序执行机制都是从 Tomasulo 算法发展而来的。弄懂了 Tomasulo 算法就可以算是进入了 CPU 原理的"高级阶段"。

乱序执行如何利用"寄存器重命名"处理数据相关性？

寄存器重命名是Tomasulo算法的精髓

"数据相关"是指相邻指令之间有数据依赖关系。例如两条相邻指令 A 和

B，A 写寄存器 R，而 B 读取寄存器 R，那么 A 和 B 存在一种"写后读"（Read After Write，RAW）的相关性。

在静态流水线中，通过插入等待时间来保证 A、B 的先后关系。但是这样会降低流水线效率，降低 CPU 性能。

在动态流水线中，不再需要插入等待时间，也能保证执行结果正确。Tomasulo 算法使用"寄存器重命名"（Register Renaming）机制巧妙地解决了上面这个问题。"寄存器重命名"是指保留站中设置了寄存器单元的备份，用来保存每条指令临时的计算结果。

在 Tomasulo 算法中执行 A、B 两条指令的实际过程如下。

- A、B 指令同时进入保留站，占用保留站中的两个单元。A 单元的操作数都是就绪的，而 B 单元因为要使用 A 指令的结果，所以 B 单元中"源操作数的指针"包含 A 单元的编号。

- 保留站检查所有单元，发现 A 单元的源操作数都是就绪的，将 A 单元的内容送入计算单元执行，并且从保留站中删除 A 单元。

- 计算单元把执行结果送到 CDB 上，同时更新保留站、寄存器堆。在保留站中，将 B 单元的源操作数改为 A 指令的执行结果。

- 现在 B 单元的源操作数都已经就绪，可以立即执行。

通过上面的过程可以看出，A 指令执行后 B 指令立即执行，不用再插入等待时间。而且结果也是正确的。

在 Tomasulo 算法中，寄存器分为两组独立的单元，一类是软件可见的寄存器，保存指令执行的最后结果，称为"物理寄存器"，也称为"架构寄存器"；另一类是用于实现动态调度，只在 CPU 内部使用（在本例中就是隐含在保留站中的源操作数），软件不可直接访问的寄存器，称为"重命名寄存器"。

乱序执行的典型电路结构

乱序执行是"高性能 CPU"的第一个门槛

在乱序执行的 CPU 中，电路至少分为 4 级流水线。

- 取指令（IF）：从内存中读取指令，进入指令队列。

- 指令译码（ID）：根据不同的计算功能类型，将指令分别送入相应的发射队列。发射队列可以一次包含多条指令。

- 发射（ISSUE）：在发射队列中挑选源操作数就绪的指令，送入计算单元。

- 执行（EX）：获得指令计算结果，通过总线更新保留站和物理寄存器。

"发射"是动态流水线专有的术语，只要看到一个 CPU 的说明材料中有"发射队列"的信息，就说明这个 CPU 使用了动态流水线。

还有一种实现"重命名寄存器"的典型结构，是把物理寄存器和重命名寄存器采用一个统一的寄存器堆来实现。在这种结构中，保留站不再包含重命名寄存器，而是在译码部件新增一个"重命名表"来包含重命名寄存器的值，如图 3.18 所示。龙芯就采用了这种结构。

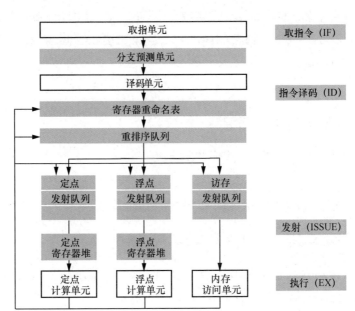

图 3.18 乱序执行的典型结构

乱序执行是"高性能 CPU"的第一个门槛。动态流水线电路设计复杂，开发周期长，一般只有追求高性能的 CPU 才会使用。使用动态流水线的 CPU 至少是高端嵌入式以上的级别。

乱序执行如何处理例外？

只有正常执行、不产生例外的指令才能提交

例外（Exception）是指一条指令无法完成预定的功能，以非正常方式结束。在有些书籍中，例外也翻译成"异常"。

例外的典型例子是除零操作。在执行除法指令时，如果除数为零，显然无法得出正确结果。

CPU 遇到这种例外指令时，通常要执行以下操作。

● 立即停止执行产生例外的指令，因为错误已经发生，再执行下去也没有意义。

● 对例外指令后面的指令也要停止执行，避免例外指令的错误传播到后面。

● CPU 把发生例外的指令地址记录下来，以方便用户排查程序的错误。

在乱序执行的流水线中，由于有多条指令同时处于执行状态，而且指令的实际执行次序已经和软件中的顺序不一致，因此需要有特殊机制来满足上面 3 条要求。

最常用的方法是使用"重排序队列"，又叫作"重排序缓存"（Reorder Buffer，ROB）。ROB 位于发射队列之前，记录了指令在软件中的原始顺序。

在流水线中增加一个新的"提交"（COMMIT）阶段，位于执行（EX）阶段之后。指令在执行阶段时，计算单元的输出结果只写到重命名寄存器，而不写到物理寄存器中。只有在 COMMIT 阶段，才把重命名寄存器中的结果写到物理寄存器中。

ROB 和 COMMIT 流水线共同用来保证有序提交。在流水线中乱序执行的指令，按照 ROB 中记录的顺序进入 COMMIT 阶段。正常执行的指令在 COMMIT 阶段时完成物理寄存器的写入，并从 ROB 中出队。如果某条指令在计算单元中执行时发生例外，CPU 可以通过检查 ROB 的队首单元就能确定是哪条指令发生例外。而对于例外指令之后的指令，即使已经生成了计算结果，也不再执行 COMMIT。

回顾：乱序执行的 3 个最重要概念

最重要的3个概念：保留站、重命名寄存器、ROB

保留站、重命名寄存器、ROB 是乱序执行的 3 个最重要的概念。

保留站使指令变成乱序执行，ROB 使指令有序提交，这两个部件实现了相反的操作。

保留站提高了 CPU 执行指令的效率，ROB 保证指令的执行结果仍然符合软件本身的顺序。

重命名寄存器用于处理指令之间的数据相关性，保存指令执行的中间结果，同时实现了对例外的精确处理。重命名寄存器是保留站和 ROB 之间的桥梁。

在现在的高性能 CPU 中，保留站、重命名寄存器、ROB 都是必然存在的部件。

第 **7** 节 多发射和转移猜测

为了有效发挥多发射通路的效率，必须实现充分的乱序执行技术，减少指令间的互相等待。

——《我们的龙芯 2 号》，2003

龙芯 2E 采用 64 位设计，四发射结构，最多可以有 64 条指令乱序执行、转移猜测，在 1GHz 主频下 SPEC CPU2000 的实测分值达到 500 分（2006 年）

什么是多发射？

多发射（Multiple Issue）是指流水线的每个阶段都能处理多于一条的指令。

在乱序执行的 CPU 中，每一个时钟节拍处理的指令数量超过了一条，如图 3.19 所示。在取指阶段，一次可以从内存中读取多条指令；在译码阶段，可以同时对多条指令分析相关性，并送入不同的发射队列；在发射阶段，每一个时钟节拍都可以从发射队列中分别发出一条指令；在执行阶段，多个计算单元独立工作，并行地进行运行。

多发射并不是说 CPU 有多条流水线，而是在一条流水线上增加了处理指令的宽度，在一个时钟节拍中可以同时处理多份指令。

在龙芯 CPU 的课堂上，经常使用这样一个形象的比喻：静态流水线就像是一条高速公路，只有一个车道，每一辆汽车是一个流水线阶段，所有汽车依次往前开；动态流水线允许个别汽车"超车"，在有的汽车发生故障阻塞高速公路时，后面的汽车可以绕到前面继续开；多发射就是把高速公路变成多个车道，所有汽车齐头并进地往前开。

坚持看到这里的读者一定能感受到这样的 CPU 已经非常强大了！龙芯 3 号 CPU 都是多发射的高性能 CPU，在发射宽度、发射队列容量、计算单元个数等方面都实现了先进的架构。

龙芯 3A4000 的后端有 8 条执行流水线，其发射峰值带宽是 8 操作 / 周期。具体来说，每个周期最多发射 4 个定点运算操作、2 个浮点 / 向量运算操作，以及 2 个访存操作。

（a）单发射时空图

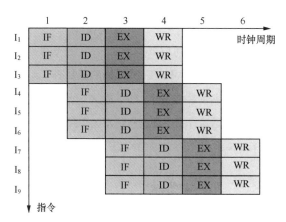

（b）多发射时空图

IF：取指令　ID：指令译码　EX：执行指令　WR：写回结果

图 3.19　多发射的流水线图

什么是转移猜测?

激进猜测，猜测失败时不提交

转移猜测（Branch Prediction）是 CPU 流水线针对转移指令的优化机制。

转移指令是指软件中的指令不再依次执行，而是跳转到其他内存位置。转移指令经常用于在软件中进行某种条件判断。例如，龙芯有一条指令"BEQ r1, r2, addr"，其功能是检查寄存器 r1、r2 的值，如果相等则跳转到目标地址 addr 处继续执行，不再执行 BEQ 后面的指令。

转移指令有两个可能的目标，一个目标是其后一条指令，另一个目标是跳转目标地址的指令。转移指令就像是使一段指令序列产生了分叉，所以其也称为"分支指令"。

在多发射的流水线中，一次可以取多条指令，但是如果遇到转移指令，处理起来就发生了困难。因为转移指令后面的指令不一定执行，而是要看转移指令本身是否满足跳转条件，所以显然不能把转移指令后面的指令都送入保留站。但是这样又会使流水线发生空闲，在多发射的各阶段都没有充足的指令来输入，造成执行效率下降。

计算机科学家提出"转移猜测"机制，解决了上面的矛盾。在遇到跳转指令时，假设跳转一定不会发生，这样就可以把跳转指令及其后面的指令都取到流水线中执行。但是如果跳转指令在执行时遇到了不满足跳转的条件，则只需要借助 ROB 和 COMMIT 阶段的作用，对跳转指令后面的指令不做提交即可，这样软件的功能仍然是正常的。

上面所讲的猜测算法是最简单的"单一目标"方式，平均的预测成功率只有 50%，意味着有一半的预测并没有发挥好的效果。

在高性能 CPU 中有更高效的"转移猜测"电路，预测转移指令可能的跳转方向。常用的一种方式是使用分支目标缓冲器（Branch Target Buffer，BTB），在一个队列中保存转移指令最近发生的跳转目标地址，译码单元通过查看 BTB 来确定转移指令最有可能的跳转目标地址，在取值时可以读取跳转目标地址及其后面的指令。这种方法由于保存了更多历史信息，预测成功率平均可以提升到 90% 以上。

转移猜测本质是一种"激进优化"思想，对于概率性发生的事件做乐观估计。把尽可能充足的指令提供给流水线，如果估计正确就可以大幅度提高流水线的效率。在估计错误时可采用妥善方法做"善后处理"，消除错误的影响，保证软件的功能正常。

第8节　包纳天地的内存

人活一百年却只能记住 30MB 的事物是荒谬的。这比一张压缩盘的容量还要少。

——马文·明斯基（Marvin Minsky），人工智能研究的奠基人

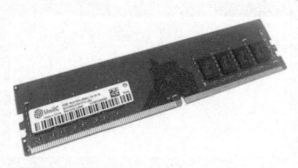

台式计算机内存，紫光国芯生产（2020 年）

CPU 怎样访问内存?

内存控制器是 CPU 和内存之间的接口

内存 (Memory) 是一块大规模集成电路,是一组存储单元的集合,用来保存计算机运行过程中的软件和数据。每一个存储单元都有一个可访问的地址,称为内存地址。

CPU 和内存在以下方面紧密配合: 要执行的软件事先放在内存中,CPU 的取指令单元自动从内存中读取指令,然后加载到 CPU 中执行;软件在运行过程中,需要从内存中读取要计算的数据或者把计算结果写回内存,这是通过一种"内存访问指令"来实现的。

内存访问指令有读 (Read)、写 (Write) 两种,代表两种不同的数据传输方向。读指令是把内存单元的值加载到 CPU 内部的寄存器中,写指令是把寄存器的值写回到内存单元。寄存器充当了 CPU 和内存之间的数据交换枢纽。

龙芯支持的内存访问指令: 读指令"LD r1, (r0)offset",寄存器 r0 的值加上一个常数 offset 形成内存单元的地址,把这个单元的值送入寄存器 r1;写指令"ST r1, (r0)offset",其功能与 LD 指令相反,是把寄存器 r1 的值写入内存单元。

内存是独立于 CPU 的电路,典型结构包含 3 个端口: 一个是地址端口 (用来选择要读写的内存单元编号),一个是读 / 写控制端口 (控制是向内存单元写入还是从内存单元读出),还有一个是数据端口 (从内存单元读出或向内存单元写入数据)。

CPU 通过内存控制器模块与内存相连接。CPU 在执行内存访问指令时，根据指令中解析的信息调用内存控制器，通过上述 3 个端口传输地址、数据、读 / 写控制信息。

CPU 的流水线中，对内存控制器的调用一般作为一个独立的流水线阶段，称为"访存阶段"（MEM），位于提交（COMMIT）阶段之前。

内存多大才够用？

KB、MB、GB、TB 之间是 1024 倍的关系

计算机有专门描述内存容量的单位。1 个二进制位称为 1 比特（bit），8 个二进制位称为 1 字节（Byte，缩写为"B"）。1024B=1KB，1024KB=1MB，1024MB=1GB，1024GB=1TB。

我们用生活中直观感受到的数据来看看这些容量单位的大小，一个新闻门户网站的页面的下载流量大约为 100KB，一首 MP3 歌曲的容量大约为 5MB，一部时长为 2 小时的高清电影的容量大约为 5GB，一个摄像爱好者用智能手机拍摄一年的照片，多的可以达到 1TB。

现在高端计算机的内存基本上是以 GB 为单位，例如典型的台式计算机配备 8GB 内存，服务器的内存配备为 256GB，甚至更大。而嵌入式、微控制器 CPU 由于处理的数据量很小，内存就不需要这么大，最小的甚至 64KB 内存就够用了。

什么是访存指令的"尾端"？

"尾端"一词来源于文学作品《格列佛游记》第一卷第四章，意指剥鸡蛋时先敲破大头还是先敲破小头

在计算机术语中"尾端"（Endian）是指内存中的多个字节被读取到 CPU 的一个寄存器中时，采用什么样的排列顺序。

CPU 中处理数据的基础单位比内存更"宽"。内存以 1B 为最基础的单元，也就是 8 个二进制位。而 CPU 以寄存器为数据处理的基本单元，往往是多个字节。例如，32 位的寄存器是 4B，64 位的寄存器是 8B。

访存指令可以一次从内存中读取多个字节到寄存器中。例如 32 位宽的龙芯 CPU 可以一次读取 32 位（4B），正好是一个寄存器的宽度。

多个内存字节在寄存器中有两种放置顺序：大尾端和小尾端，如图 3.20 所示。大尾端（Big Endian），即内存低地址单元的字节加载到寄存器的高位；小尾端（Little Endian），即内存低地址单元的字节加载到寄存器的低位。

图 3.20　大尾端和小尾端

CPU 采用大尾端还是小尾端没有绝对的好坏之分。历史上的 CPU 都是

任意选择尾端的，相比之下用得多的是小尾端，例如 x86、ARM 选择小尾端，龙芯也选择小尾端。也有的 CPU 两种尾端都支持，在运行时可以配置成某一种尾端（例如有些 Power、MIPS 处理器）。

什么是缓存？

容量小而速度快的缓存在生活中也有实例：你的书桌上只摆着近期要看的少量书籍，而大量的书籍只会收在书柜里。书桌就是一种缓存

缓存（Cache）是 CPU 和内存之间的一个数据存储区域，用来提高 CPU 访问内存的速度。

现代计算机中的 CPU 运行速度远远超过内存访问速度，换句话说，内存访问速度拖慢了 CPU 的运行速度。

例如，一个典型的 64 位桌面 CPU，工作主频是 2GHz，再加上多发射技术可以在一个时钟节拍内并行处理多条指令，这样每秒执行的指令数量就达到了 100 亿条，即每秒可以最多执行 10^{10} 次 64 位整数运算。而内存的速度提升相对比较缓慢，现在台式计算机、服务器上使用的最先进的 DDR4 内存规范，工作在 2.4GHz 时的理论峰值传输速度为 19200MB/s，相当于每秒只能给 CPU 传送 2.4×10^9 个 64 位整数，比 CPU 的速度慢了一个数量级。

当内存数据的供应速度跟不上 CPU 的计算速度时，CPU 只能等待内存，从而白白浪费计算时间。

缓存是使用比内存速度更快的半导体工艺制造的一块存储区域，CPU 访

问缓存的速度要远远快于内存。由于制造缓存的成本比内存高，因此缓存不可能做得太大，常见计算机的内存容量在吉字节（GB）级别，而缓存容量一般不超过几十兆字节（MB）。

缓存中保存的数据是内存的一个"局部备份"。CPU 访问过的内存单元的数据都在缓存中保存起来。这样，当 CPU 再次访问相同地址的内存单元时，只需要从缓存中快速读取出数据即可，速度比访问内存快几十倍，甚至上百倍。

缓存的设计利用了计算机中的一个事实规律——"数据局部性"，即 CPU 访问的数据往往只占整个内存中非常小的一个比例，但是 CPU 会多次重复使用这些数据，这样的数据也叫作"热点数据"。缓存就是以非常小的容量保存这些热点数据的，让 CPU 在执行绝大多数的访存指令时都能快速完成。

缓存作为 CPU 和内存之间的桥梁，以较小的成本巧妙解决了内存速度不匹配的问题，是计算机原理中一个闪光的思想。

缓存的常用结构

台式计算机、服务器一般最多有三级缓存，超级计算机可能有四级缓存

目前 CPU 主要使用多级缓存的结构，将缓存分成多个级别。离指令运算单元越近的缓存速度越快、容量越小，离指令运算单元越远的缓存速度越慢、容量越大。CPU 执行访存指令时，先在一级缓存中查找，如果查找到数据则完成指令，否则要到更高级别的缓存中查找，如果在所有缓

存中都没有查找到数据才访问内存。

使用多级缓存的优点是平衡了成本和速度之间的矛盾，能够以最适中的成本取得综合的最优速度。

常用的 CPU 中的缓存最多分为三级。2000 年之前由于半导体工艺的限制，二级缓存、三级缓存经常作为 CPU 之外的独立芯片，而现在都已经是集成在 CPU 芯片内部的电路模块。在芯片中，缓存占用的电路面积已经超过了处理器核，因此增大缓存会直接增大芯片成本，所以缓存也是体现 CPU 性能的一个重要参数。

龙芯 3A4000 在一个芯片中包含 4 个独立的处理器核，缓存分为三级。每个处理器核中有 64KB 一级缓存、256KB 二级缓存。4 个处理器核共享 8MB 三级缓存。龙芯 3A4000 的缓存结构如图 3.21 所示。

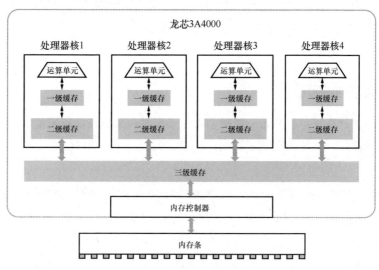

图 3.21　龙芯 3A4000 的缓存结构

什么是虚拟内存？

虚拟内存是给每个应用程序一块连续的内存地址空间

虚拟内存（Virtual Memory）是操作系统管理内存的一种机制，使多个同时运行的应用程序能够共享内存。

早期计算机和操作系统都比较简单，最多只能有一个应用程序处于运行状态，这个应用程序可以任意使用计算机的整个内存。操作系统不需要干涉应用程序对内存的使用方式。

现在的操作系统支持多个应用程序同时运行，称为"并发操作系统"。例如在台式计算机上，可以一边听歌一边上网，提高了用户使用计算机的方便程度。在并发操作系统中，所有应用程序面对的是一块统一的内存，每一个应用程序需要使用不同的内存区域来保存自己的数据，这样就不能再由应用程序来任意使用内存了。

操作系统引入内存管理机制，由操作系统决定应用程序可以使用哪一部分内存。应用程序只能看到分配给自身的虚拟内存，而计算机上实际安装的内存称为"物理内存"（Physical Memory）。

虚拟内存有两种实现方式。

- 分段：每个应用程序使用独立的一段物理内存。操作系统加载应用程序时，从物理内存中寻找一块连续的空闲区域，专门留给一个应用程序使用。

- 分页：物理内存分成连续的小块，每一块称为一个"页面"（Page）。应用程序本身使用的内存是连续的地址，称为"虚拟地址"（Virtual

Address），由操作系统映射到不连续的物理内存上。

分段机制比分页机制出现得要早。分段机制是一种"连续"的映射方式，实现简单，执行速度快，但是每个应用程序使用的内存分配出来后，不容易再扩大或缩小容量，这样会造成很多空间浪费。而分页机制是一种"离散"的映射方式，当应用程序需要更大内存容量时只需要再增加新的物理内存页面，如果有不需要使用的内存页面则可以由操作系统收回，便于实现"按需分配"的动态管理，提高物理内存利用率。

在分页机制中，应用程序的访存指令包含的是虚拟地址，通过 CPU 中的地址转换模块翻译成物理内存的地址，如图 3.22 所示。高性能 CPU 都实现了地址转换模块，有的文献将其称为转译后备缓冲器（Translation Lookaside Buffer，TLB）。

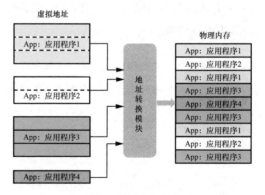

图 3.22　虚拟内存分页机制

虚拟内存和缓存一样都是现在高性能 CPU 的"标配"，属于计算机发展历史中沉淀下来的经典设计，可以看出科学家为了改进计算机而发明创造的不懈努力。

第9节 CPU 的 "外交"

10   PRINT "HELLO WORLD"

20   GOTO 10

——美国达特茅斯学院开发的第一个 BASIC 程序，1964 年

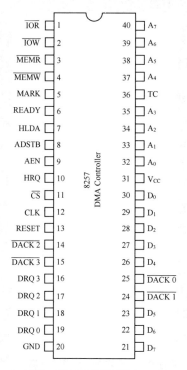

Intel 8257，专用 DMA 控制器芯片（1987 年）

什么是 CPU 特权级？

特权级用于限制只有操作系统才能直接访问外围设备

CPU 特权级（Privilege Level）用于将软件指令设置成不同的执行权限，不同权限的指令只能操作属于该权限范围内的 CPU 硬件资源。

CPU 特权级的作用主要是在并发操作系统中，保证各应用程序之间的资源隔离，防止一个应用程序通过执行非法指令而破坏其他应用程序的数据。

特权级机制包含 3 个方面。

- CPU 本身支持不同等级的运行状态。一般至少包括两个等级，一个是操作系统等级，另一个是应用程序等级。

- CPU 内部的硬件资源分成不同等级。有的资源可以在 CPU 处于任何等级时访问，而有的核心资源只能在操作系统等级下访问。典型的资源包括寄存器、计算单元、内存、时钟等。

- CPU 的指令分成不同权限等级。有的指令可以由应用程序执行，称为"应用态指令"；而有的指令只能由操作系统执行，称为"特权指令"。例如，对 CPU 设置运行等级的指令，都只能由操作系统执行。

计算机启动时，CPU 默认处于操作系统等级，CPU 在这个等级下可以"无所不能"地执行计算机的所有指令，使用计算机的所有资源。操作系统把应用程序加载到内存中，通过特权指令将 CPU 的运行状态设置为应用等级，再使应用程序运行。应用程序只能执行应用态指令，没有能力执行特权指令。这样应用程序只能访问属于本程序的硬件资源，不会破坏其他应用程序和操作系统的数据。

CPU 在运行过程中，特权级是"高—低—高—低—……"交替变化的。操作系统调用应用程序时，是由高等级切换到低等级的。在应用程序运行过程中，需要切换回操作系统时，则是由低等级切换到高等级，典型的情况有指令例外、外围设备中断、系统调用等。

中断和例外有什么不同？

中断源于CPU外围设备，例外源于CPU内部指令

中断（Interruption）是指 CPU 运行过程中，由于外部事件的到来而停止执行当前指令的处理机制，中断处理机制如图 3.23 所示。外部事件发生后，CPU 必须要在第一时间处理外部事件。外部事件的来源主要是外围设备，例如键盘上有按键被按下、网卡收到数据报文、定时器到达指定时间。

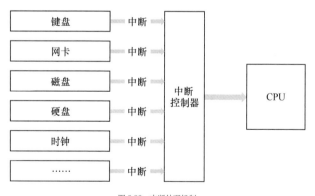

图 3.23　中断处理机制

中断是 CPU 和外界的一种高效合作手段。CPU 不需要时刻检查外围

设备是否有状态变化，而是将绝大部分时间用于执行软件程序，只有在设备收到数据时才主动向 CPU 发出"通知"。在早期不提供中断支持的 CPU 中，CPU 只能采用"轮询"（Polling）机制，定期检查外围设备的状态来判断是否有数据要处理，但这样会使 CPU 付出额外的不必要时间。

每一种 CPU 都在设计时规定了可以响应的中断，通常是在 CPU 芯片的引脚中定义用于响应的中断信号。外围设备需要向 CPU 发出中断时，向 CPU 芯片的引脚发送电平信号。CPU 一般是在流水线的最后一级——提交（COMMIT）阶段检查引脚上的电平信号，用来判断是继续执行指令还是处理中断。

CPU 对中断的处理机制一般是停止流水线取指行为，CPU 本身切换到操作系统特权级，调用操作系统中专门的软件模块"中断服务程序"（Interruption Service Routine，ISR）来处理中断。ISR 检查是哪种外围设备发生了中断，再从设备中接收相应的数据。ISR 处理完外围设备的数据后，把 CPU 切换回应用程序特权级，再跳回应用程序继续执行。

中断和例外都是使 CPU 停止执行当前指令的机制，两者的根本区别在于，例外是由 CPU 内部指令执行触发（例如除法指令的除数是 0），而中断是由 CPU 外部信号触发。

CPU 怎样做 I/O？

I/O 总线是连接 CPU 和外围设备的桥梁

I/O 是输入（Input）和输出（Output）的英文简写，是指 CPU 与外围设备之间的双向数据传输。外围设备是连接 CPU 和用户的信息桥梁。外设的数据传入 CPU 中进行计算，CPU 的处理结果传给外设进行显示和存储，或者传输给其他计算机。

在 CPU 芯片中有专门用于和外设相连接的引脚，这些引脚合起来称为"外设总线"。外设总线中包含 3 类信号，地址信号用来指定向哪个外设发起数据交互，控制信号用来控制外设的行为（例如指定是读数据还是写数据），数据信号用来传输 CPU 读 / 写的数据信息。

CPU 通过 I/O 指令来读 / 写外设数据。在有的 CPU 中，I/O 指令和访存指令相同，区别仅在于内存和外设位于不同的地址空间。例如龙芯中可以使用访存指令"LD.W r1, (r0)offset"来读取一个外设，外设的地址由寄存器 r0 的内容加上常数 offset 来指定，外设将数据传送给 CPU 后，数据被存储在寄存器 r1 中。

CPU 与 I/O 设备相交互的完整机制就是由外设总线（提供 CPU 与外设相连接的硬件电路）、I/O 指令（给软件提供访问外设的指令）再加上中断（提供外设事件传向 CPU 的通知机制）共同组成的。

高效的外设数据传输机制：DMA

DMA 控制器使外设数据直接传递到内存中，不占用 CPU

直接存储器访问（Direct Memory Access，DMA）是提高计算机对外设数据的处理速度的一种方法，外设可以直接向内存传送数据，不需要 CPU 执行 I/O 指令来进行中转。

CPU 通过 I/O 指令与外设进行数据交互的方式称为"直接 I/O"（Direct I/O），这一方式在面对大批量数据传输时效率较低。由于每条 I/O 指令传输的数据有位宽限制（一般是寄存器的最大宽度），因此需要重复执行多条指令才能完成数据传输。例如在一个 32 位 CPU 中，传输 1MB 数据就需要执行 $2^{20} \div 32 = 32768$ 条指令，占用了太多 CPU 时间。

DMA 机制是在内存与外设之间增加一个硬件模块——DMA 控制器。DMA 控制器与 CPU 独立工作。在 CPU 需要从外设读取大量数据时，CPU 只需要告诉 DMA 控制器要读取的外设地址、数据长度，以及放入内存的起始地址，DMA 控制器就可以独立地从外设读取数据、送入内存。在此期间，CPU 可以处理其他计算任务。DMA 控制器完成数据传输后，向 CPU 发送中断，通知 CPU"数据已传输完毕"，这样 CPU 就可以直接使用内存中的数据了。DMA 机制实现在外设（以硬盘为例）和内存之间传输数据的示意图如图 3.24 所示。

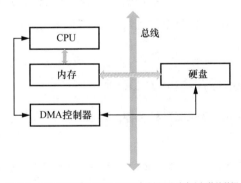

图 3.24　DMA 机制实现在外设（以硬盘为例）和内存之间传输数据

DMA 控制器与 CPU 并行工作，完成一种专门任务，这样的硬件模块属于一种典型的协处理器（Coprocessor），体现了"专人干专事"的思想。由于 DMA 控制器用途单一，只需要完成数据传输功能，不需要像 CPU 一样执行烦琐的指令流水线，因此可以在单位时间内传输更多的数据。

DMA 属于一种"从高端计算机向低端计算机下沉"的技术。DMA 最早是在大型计算机上使用，现在台式计算机、服务器，甚至手机的 CPU 也都支持 DMA 机制。DMA 控制器一般都包含在处理器芯片内部，作为一个协处理器。我们身边的小小手机，其实已经继承了早期大型计算机里面的工程智慧！

CPU 系统篇

由 CPU 组成完整计算机

操作系统和应用的桥梁

系统调用是应用程序与操作系统的一种交互方式。应用程序通过系统调用向操作系统发起一项请求，操作系统执行一种服务作为响应。

——《深入理解计算机系统》

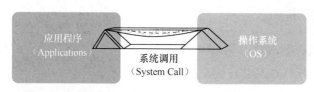

系统调用是应用程序访问操作系统的桥梁

什么是系统调用？

系统调用允许应用程序获得操作系统提供的服务

系统调用（System Call）是操作系统提供的一组功能接口，给应用程序实现一系列高权限的功能服务。系统调用一般是实现整个计算机的核心资源的访问和管理功能。例如下面 3 种功能。

- 查看资源使用情况：例如操作系统中的进程数量，这个信息属于操作系统的核心数据，保存在操作系统私有的数据区中，应用程序不能直接访问。

- 读取外设数据：例如网卡、硬盘中的数据，只有操作系统才有权限执行 I/O 指令进行访问。

- 获取计算机的当前时间：计算机主板上有时钟硬件来保存日期、时间信息，这样的设备也只有操作系统才能访问。

系统调用的设计意义是给应用程序提供普通权限下无法实现的功能服务。上面举例的 3 种数据信息都是属于计算机的核心资源，应用程序不能直接访问，但是应用程序又有获取这些数据信息的正常需求，操作系统就把这些功能封装成功能接口，应用程序可以在需要时调用这些功能接口来获得数据信息。

操作系统在执行系统调用之前会对应用程序进行"安全检查"。系统调用由操作系统负责执行，在 CPU 的高特权级别下执行。为了防止恶意的应用程序获取非法信息、破坏系统安全，操作系统会对应用程序的权限进行严格检查，只对合法的应用程序提供系统调用功能。

每一种操作系统都规定了"系统调用列表"，例如 Linux 内核的系统调用列表有 200 多项。

应用程序怎样执行系统调用指令？

每一种CPU 都定义了执行系统调用的指令

系统调用指令是 CPU 为应用程序提供的一条指令，应用程序通过执行系统调用指令来获取操作系统的服务，如图 4.1 所示。

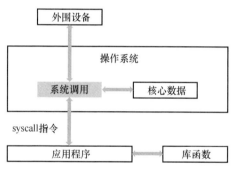

图 4.1　应用程序获取系统调用服务

例如，龙芯 CPU 的系统调用指令为 syscall。CPU 在执行应用程序时如果遇到 syscall 指令，则会将特权级切换为操作系统等级，然后转到操作系统中执行系统调用的模块，来实现应用程序所需要的服务。系统调用模块执行结束后，CPU 跳回应用程序，继续执行 syscall 之后的指令。

对应用程序进行剖析，可以写成下面的等式：

应用程序 = 指令序列 + 库函数 + 系统调用

库函数（Library Function）也是给应用程序提供的一组封装好的功能服务，通常使用程序语言编写，然后编译成功能模块，可以让应用程序重复调用。最典型的库函数就是 C 语言中的 printf() 输出函数。

系统调用和库函数有本质不同。库函数也是由应用态的指令序列组成的，都是在应用态的权限下执行，无法访问计算机的核心资源、外围设备，不会像系统调用一样发生特权级的切换、进入操作系统执行。

第 2 节 专用指令发挥大作用

我们如果将 CPU 看作主要执行标量控制任务的处理器，将 GPU 看作主要执行向量图形任务的处理器，那么新一代的 IPU（人工智能处理器）就是专为以计算图为中心的智能任务设计的处理器。

——《通用技术计算机的衰落：为何深度学习和摩尔定律的
终结正致使计算碎片化》，麻省理工学院，2018

Intel Pentium MMX 采用向量指令技术，提高了视频、
音频和图像数据处理能力（1997 年）

什么是向量指令？

向量指令能够在一条指令中计算多组数据

向量指令（Vector Instruction）是指一条指令能够同时计算两组以上的操作数。"向量"的含义就是每一组操作数由多个数值组成。

与"向量"相对的是"标量"，即一组操作数只由单一的数值组成。

以一条 128 位向量指令为例，这条向量加法指令的格式为"ADDV.W w2, w1, w0"。其中 w0、w1、w2 都是 128 位的向量寄存器，每一个向量寄存器包含 4 个 32 位数据。一条并行加法指令 ADDV.W 可以同时计算出 4 组 32 位数据相加的结果，如图 4.2 所示。这样的并行加法指令的计算速度是基本加法指令的 4 倍。

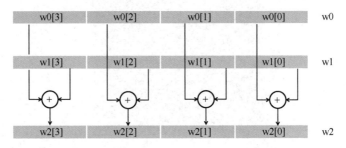

图 4.2　一条向量指令 ADDV.W 同时计算 4 组 32 位数据相加

龙芯 3A4000 支持的向量指令数量有数百条，功能包括定点向量运算、定点向量比较、浮点向量运算、浮点向量比较、向量分支跳转、向量访存和数据搬运等。

向量指令使用的场合是密集的数值运算问题，例如图像编解码、3D 游戏、人工语音分析、雷达信号处理等。Intel 最早支持向量指令的 CPU

是 1996 年发布的 Pentium MMX，它在 x86 指令集的基础上加入了 57 条向量指令（也称为多媒体指令 MMX）。这些指令专门用来处理视频、音频和图像数据，从而明显提升了台式计算机在多媒体时代的性能。

向量指令基于"空间换时间"的思想，付出的代价是占用 CPU 更多的电路面积，实现更多的向量寄存器，还要实现多个并行的数值运算单元，而换来的好处则是在单位时间内计算更多数据。但这毕竟比一味提高主频要更容易实现。

向量指令属于 CPU 中的高级优化功能，可以根据使用的需求来选配。目前大多数台式计算机、服务器的 CPU 都支持向量指令集，用于嵌入式、微控制器的 CPU 如果有大量数值计算需求，也会支持向量指令。

CPU 怎样执行加密、解密？

加密、解密是操作系统和应用程序中的频繁操作

加密（Encryption）是以某种算法改变原有的信息，使得未授权的用户即使获得了已加密的信息，但因为不知道解密的方法，仍然无法了解信息的原始内容。解密（Decryption）是加密的逆运算，是把密文还原为原始信息。

加密、解密是保护计算机信息安全的常用方法，在计算机中大量使用。例如计算机开机时，用户输入登录密码才能进入系统；在编写 Office 文档时，可以给文档加上一个保护密码，防止其他人查看文档内容；在网络上传输电子邮件时，也可以将电子邮件进行加密后再发送，防止其他人窃取网络数据。

计算机科学家付出了多年努力，发明了一系列运算速度快、安全性高的加密算法。常用的加密算法有 DES、3DES、AES、RSA、DSA、SHA-1、MD5 等。

我国已经在推行自主知识产权的密码算法，包括 SM1、SM2、SM3、SM4 等算法，可以在关键信息领域取代国外算法，实现更高安全性。

加密算法有软件、硬件两种实现方法。在软件的方法中，使用程序语言编写加密算法，编译成库函数给应用程序调用，像 Windows、Linux、Android 等操作系统都内置实现了软件的加密算法库；在硬件的方法中，CPU 使用电路硬件实现加密算法，并提供指令给应用程序调用。

CPU 支持硬件加密指令是当前的大趋势。龙芯 3A4000 就集成了专用安全模块，可以硬件执行 SM2、SM3、SM4 算法，操作系统和应用程序可以调用 CPU 的硬件接口来获取高安全等级的密码服务，如图 4.3 所示。

CPU 支持硬件的加密指令，与软件执行加密算法相比有两个好处。一个好处是硬件比软件的执行速度快几十倍；另一个好处是硬件电路不会像软件一样被恶意攻击、被黑客植入漏洞，能够达到更高水平的"内生安全"。

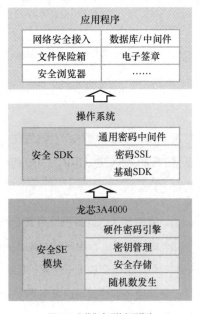

图 4.3　龙芯集成硬件密码算法

第 3 节 虚拟化：逻辑还是物理？

在亚马逊 AWS 或者其他公有云购买云服务，最直接的方式就是申请一台虚拟机。

——《浪潮之巅》，吴军

虚拟化技术常用于在一台计算机上运行不同的操作系统，例如在 Linux 操作系统中创建一个虚拟机运行 Windows 操作系统

什么是虚拟化？

虚拟化是把一台真实机器变成多台抽象的机器

虚拟化（Virtualization）技术是将一台计算机虚拟为多台逻辑计算机，每一台逻辑计算机可以运行不同的操作系统，这些逻辑计算机都可以同时运行，如图 4.4 所示。

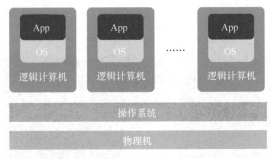

图 4.4　利用虚拟化技术，在一台计算机上同时运行多台独立的逻辑计算机

逻辑计算机也称为虚拟机（Virtual Machine）。对于用户来说，可以在虚拟机中安装和运行应用程序，使用起来和真实的计算机没有明显区别。

虚拟机主要有以下用途。

- 兼容老的应用系统。由于计算机市场更新换代太快，用户的应用系统原来运行在旧计算机、旧操作系统上，当这些旧的设备已经不再销售时，用户还可以购买新计算机，只需要使用虚拟化技术创建虚拟机，就可以模拟运行旧的计算机，这样还可以运行原来的应用系统，保证用户的核心资产继续使用。

- 方便开发调试操作系统。对于开发操作系统的公司来说，不需要购买大量真实机器，只需要在一台机器上创建多个虚拟机，就可以在每个虚拟机中运行调试操作系统。最常见的情况是在 Windows 计算机上安装虚拟机来运行 Linux 操作系统，这样可以不用格式化本地硬盘就能够体验各种新版本的 Linux 操作系统。

虚拟化是云计算的基础。虚拟化技术使"逻辑机器"（虚拟机）和"物理机器"（真实机器）分离，提高了对逻辑机器的动态管理能力。云计算的本质是把大量机器集中到一个数据中心统一管理，目前的云计算中心都是在物理机上创建虚拟机，在虚拟机里运行应用程序、存储用户数据。如果一台物理机发生故障，它上面的虚拟机可以把所有程序和数据通过网络"迁移"到另外一台物理机上运行，从而节省了故障处理时间。云计算把计算能力转变成一种服务，虚拟化则增强了服务的可靠性、灵活性和可扩展性。

虚拟化技术最早由 IBM 在 1960 年提出，实验性的 IBM M44/44X 系统是虚拟化概念的鼻祖。

什么是硬件虚拟化？

CPU 在硬件上提供支持，使虚拟机性能和本地物理机没有明显差别

硬件虚拟化又称为"硬件辅助虚拟化"（Hardware-assisted Virtualization），是指 CPU 硬件提供结构支持，实现高效率地运行虚拟机。

在支持硬件虚拟化的计算机中，CPU 在设计上提供特殊机制，使得在一个 CPU 上能够同时运行多个操作系统，并且每一个操作系统都能够使用

接近 100% 的 CPU 性能。

在不支持硬件虚拟化的 CPU 上，需要使用软件来编写模拟多个 CPU 的处理机制，这样会比硬件虚拟化的速度慢很多。

硬件虚拟化在 1972 年第一次由 IBM System/370 引入。2005 年以后面市的台式计算机、服务器 CPU 都逐步开始支持硬件虚拟化。Intel 将硬件虚拟化称为 IntelVT 技术，该技术能够对 CPU、I/O 设备、网络的虚拟化进行硬件加速。

龙芯中科从龙芯 3B3000 开始自主设计了 CPU 的全面硬件虚拟化支持，在 CPU 执行模式、流水线执行环境、TLB 存储管理、中断与异常机制、虚拟机辅助机制和时钟系统方面实现了对虚拟化的硬件支持，运行虚拟机的效率达到 95% 以上，这意味着在龙芯平台的虚拟机里运行应用程序的速度和物理机没有明显差距。这项工程极为复杂，龙芯团队的开发时间超过了 3 年，是龙芯掌握自研的全栈虚拟化技术的标志，把龙芯服务器做云平台的能力提升到了实用水平。

可以信赖的计算

杀病毒、防火墙、入侵检测的传统"老三样"难以应对人为攻击，且容易被攻击者所利用。找漏洞、打补丁的传统思路不利于保障整体安全。因此，我们要提倡主动免疫可信计算。主动免疫可信计算是指计算运算的同时进行安全保护，以密码为基因实施身份识别、状态度量、保密存储等功能，及时识别"自己"和"非己"成分，从而破坏与排斥进入机体的有害物质，培育网络信息系统免疫能力。

——沈昌祥，中国工程院院士

可信计算提高网络信息安全水平

CPU 怎样支持可信计算？

可信计算是白名单的增强，只有经过鉴别的程序才能运行

可信计算（Trusted Computing）是一种安全管理机制，是采用专用安全模块对计算机的硬件、软件进行监控，确保计算机上安装的硬件和软件都经过身份鉴别、符合预期功能。用这样的计算机处理信息是可信赖的，如果计算机被攻击或篡改则能够提早发现。

传统"老三样"安全机制有杀病毒、防火墙、入侵检测，这 3 种方法都是被动地解决安全问题，不能及时抵御新出现的未知恶意代码，计算机被攻击后也需要较长时间找漏洞、打补丁。

可信计算的思路完全相反，是一种"主动免疫"的安全机制，可信计算技术架构如图 4.5 所示。主要设计思想如下。

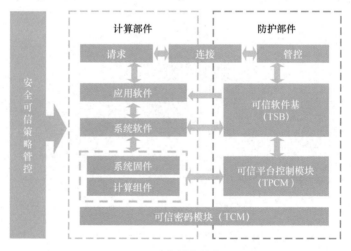

图 4.5　可信计算技术架构

可信计算的硬件基础是一个"可信模块"。支持可信计算的计算机要额外安装一个可信模块，这个可信模块独立于 CPU 工作。可信模块安装在计算机的主板上，主板原来的上电顺序需要进行改造，在计算机开机时由可信模块先启动，而不是 CPU 先启动。可信模块对计算机中的所有其他模块具有最高的管理权限。在计算机出厂之前，可信模块会对计算机上安装的所有硬件、软件进行扫描，把每一个硬件、软件度量的关键特征记录在可信模块内部。

可信模块有自我检验和自我保护功能。计算机出厂后，可信模块本身功能逻辑及其内部记录的关键特征都无法被用户修改。

在使用计算机的过程中，可信模块会检查计算机上的资源是否和出厂状态一致。可信模块会对硬件、软件进行扫描，并和内部记录的关键特征进行比较。如果黑客或恶意程序修改了硬件、软件的内容，可信模块可以及时发现这个变化，立即停止运行并告警。

可信模块的专业术语是"可信平台控制模块"（Trusted Platform Control Module，TPCM）。TPCM 的可信度量和校验操作中都需要使用密码算法，所以 TPCM 中一般会集成专门的硬件密码算法模块，称为"可信密码模块"（Trusted Cryptography Module，TCM）。

可信计算的基本思想类似于"白名单"。计算机上的硬件和软件模块都要经过度量才能成为可信的计算资源，只有可信的计算资源才允许运行。典型的可信资源包括 BIOS 固件代码、CPU 型号、硬盘序列号、网卡序列号、操作系统、应用程序等。

可信模块怎样集成到 CPU 中?

CPU 和可信计算模块的结合是"内生安全"的体现

可信模块可以用不同的方式实现,可以作为独立模块安装在计算机的主板上,还可以和 CPU 集成为一个芯片。

龙芯 3A4000 芯片集成了可信计算的专用模块(见图 4.6),可以独立于处理器核工作,这一设计使主板不用再额外安装可信模块,在降低成本的同时实现更高水平的"内生安全"。

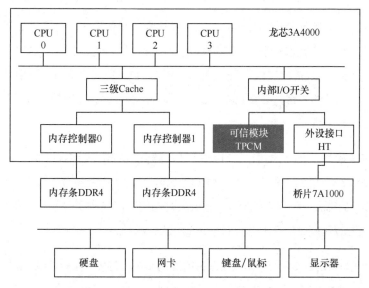

图 4.6　龙芯 3A4000 集成了可信模块

第/5节 从一个到多个：并行

"真双核"与"假双核"的说法是由 AMD 提出来的，Intel 将两颗 Pentium 4 核心封装在一个基板上，组成了 Pentium D，AMD 认为这种架构是假双核，而网友则更具想象力，将这种双核称为"胶水"双核。

——《Intel 对决 AMD》，搜狐 IT，2006

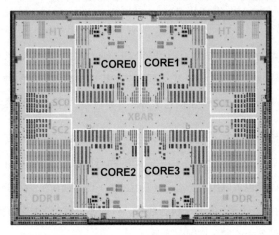

2015 年发布的龙芯 3A2000 版图，在一个芯片中包含 4 个处理器核（CORE0 到 CORE3）

人多力量大：多核

多核是指在一个芯片中集成多个独立的CPU单元

多核（Multicore）是指在一个芯片中集成多个独立的 CPU 单元，所有 CPU 可以共同执行计算工作。这样的芯片称为一个 Chip，而芯片集成 的每一个 CPU 称为一个处理器核（Core）。

龙芯 3 号是典型的多核芯片。每一个核可以单独运行一个应用程序，例 如一个核正在播放电影，同时有另外一个核在压缩文件。龙芯 3A1000、 3A2000、3A3000、3A4000、3A5000 都在一个芯片中封装了 4 个处 理器核，这在大多数台式计算机中都足够使用了。

多核是典型的"横向扩展"设计思想。以前一味提高单个 CPU 的主频、 性能，已经接近于架构设计和实现工艺的极限，摩尔定律的效果也在逐 步降低。而增加计算单元的数量来提高计算能力，则相对要容易得多。

操作系统同时管理多个处理器核，把应用程序的执行负载尽可能平均地 分配在所有处理器核上。不同的应用程序可以分配到不同的核上运行， 一个应用程序也可以用并行编程（Parallel Programming）的技术，把 自身分解成同时运行的多个执行线索，例如多进程、多线程机制，这样 也可以使用多个处理器核同时计算。

不止一个芯片：多路

多路是在一个计算机主板上安装多个独立的CPU芯片

多路是指在一个计算机主板上安装多个独立的 CPU 芯片。多路也是通过

"横向扩展"来增加计算单元数量的方法，可以克服多核技术在一个芯片内的集成度和功耗限制。

多路主要用于服务器主板上，适用于大并发量的 Web 服务器、数据库、云计算等场景。整个服务器中包含的 CPU 数量的计算公式为"CPU 数量 = 路数 × 每个芯片包含的核数"。例如，龙芯 3B4000 四路服务器在一个主板上安装了 4 个独立的龙芯 3B4000 芯片，每个芯片包含 4 个 CPU 核，这样一台服务器的总核数是 4 × 4 = 16，如图 4.7 所示。

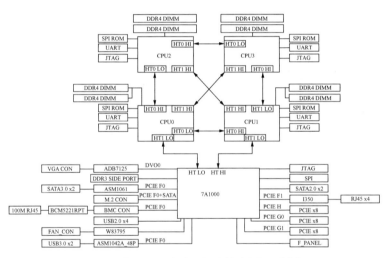

图 4.7　龙芯 3B4000 四路服务器在一个主板上安装了 4 个芯片

操作系统对一个主板上的多个处理器芯片统一管理，尽量将计算任务平均分配到所有处理器核上。

多路架构还有一个好处是"计算性能和存储性能的平衡"。在计算性能方面，一个服务器主板通过安装多个 CPU 芯片而提高核数，并且可以根据计算任务的需求而灵活配置成双路或四路；在存储性能方面，每一个 CPU 都有独立的内存访问通道，多个 CPU 可以并行地访问内存，这样可以成倍提升内存访问带宽。相比之下，如果是在一个芯片内部单纯提高处理器核数，虽然计算指标得到提升，但是内存访问通道的数量少，将形成访存瓶颈，出现"茶壶倒饺子"的问题，最终限制整机性能表现。

流水线和线程的结合：硬件多线程

多线程（Multi-threading）是并行编程的一种技术，是指一个应用程序可以创建两个及以上独立的执行线索，这两个执行线索分别执行不同的指令序列。每一个执行线索称为一个线程（Thread）。

计算机对多线程有软件、硬件两种实现方式。

在软件的实现方式中，操作系统控制 CPU 实现"分时复用"，CPU 的执行时间分成很多小的单位，在不同的时间段中分别执行不同线程的指令序列。由于时间段的单位非常小（一般在 100ms 以内），线程切换的速度非常快，因此给用户的感觉是所有线程在同时运行。但实际上每个线程使用的资源都只占 CPU 时间的一部分。

在硬件的实现方式中，一个 CPU 核在硬件上支持多个线程的执行环境。每个线程的执行环境都包括一套寄存器、一套流水线、一套数值计算单元等。CPU 可以将多个线程都以硬件的方式执行，只要实际运行的线程数量不超过 CPU 支持的执行环境数量，就不需要分时复用，这是真正意义上的并行执行。

硬件支持的多线程技术也称为"同时多线程"（Simultaneous Multi-Threading，SMT），在有的文献中也称为"超线程"。据 Intel 公司发表的文献，支持 2 套线程执行环境的 CPU，能够以增加不到 10% 晶体管的代价取得平均 60% 的性能提升。

SMT 是现代 CPU 核的最后一次大的结构改进。SMT 是流水线技术与多线程技术的深度结合，执行机制复杂，出现时间较晚，大约在 1996 年形成学术成果[1]，2000 年以后推出成熟产品。支持 SMT 的典型 CPU 有：2002 年左右推出的 DEC/Compaq 的 Alpha 21464（EV8），主要使用在高端服务器上；Intel 在 2002 年推出的 Pentium 4 HT 处理器，把这一技术带入消费级市场（见图 4.8）；IBM 则直到 2015 年，才在大型主机 z13 系统上实现 SMT 技术。龙芯 CPU 目前尚未采用 SMT 技术。

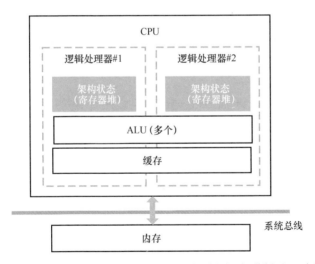

图 4.8　Intel Pentium 4 HT 处理器支持 SMT 技术，一个芯片内包含两个硬件线程（2002 年）

---

[1]　Dean Tullsen, Susan Eggers, Joel Emer, Henry Levy, Jack Lo, and Rebecca L. Stamm, Exploiting Choice: Instruction Fetch and Issue on an Implementable Simultaneous Multithreading Processor, ISCA 23, May, 1996.

硬件多线程（SMT）的本质思想和多核、多路一样，都是利用"空间换时间"的手段，在计算机中增加更多的 CPU 执行单元来减少软件执行时间。

用于衡量并行加速比的 Amdahl 定律

Amdahl 定律是计算机工程中经典的定量计算公式

一个科学计算问题需要改造成面向多核的结构，才能真正发挥多核的效率。这种改造就是要把科学计算问题改成并行算法，将问题分解为同时计算的多个子问题，每个子问题分配到独立的处理器核上计算。假设一个问题在单个处理器核上运行时间为 T，理论上在 n 个核上同时运行的最短时间为 T/n。

但是，一个科学计算问题并不一定总是可以并行分解的。有一些计算过程只能严格地遵循先后顺序，这样的问题只能采用串行算法。串行算法最多只能在一个处理器核上运行。

1967 年由 IBM 360 系列机的主要设计者阿姆达尔（Amdahl）提出的 Amdahl 定律，是计算机系统设计的重要定量原理之一。Amdahl 定律在本质上指出，系统中对某一计算问题采用更快执行方式所能获得的性能改进程度，取决于这种计算问题被使用的频率，或所占总执行时间的比例。

Amdahl 定律也可以衡量多核对计算问题的性能提升幅度。对于计算问题在多核上运行所带来的性能提升，取决于计算问题中可以改造成并行算法的比例。

$$S=1/(1-a+a/n)$$

上式中，a 为并行计算部分所占比例，n 为并行处理结点个数（即多核的核数）。S 为并行算法相比串行算法的性能提升幅度，称为"加速比"。

可以列举几个边界数据来验证这个公式。当 $a=1$ 时（即没有串行，只有并行），最大加速比 $S=n$，即并行算法只需要串行算法的 $1/n$ 时间；当 $a=0$ 时（即只有串行，没有并行），最小加速比 $S=1$，即并行算法和串行算法的时间相同，多核没有发挥作用。最后还有一种情况，假设核数无限增大，当 $n \to \infty$ 时，极限加速比 $S \to 1/(1-a)$，这也就是加速比的上限。例如，若串行代码占整个代码的 25%，则并行处理的总体性能不可能超过串行处理的 4 倍。

Amdahl 定律给软件编程人员的启示是要尽可能增大算法中的并行部分，而不是一味追求高核数的计算机系统。这在计算资源极为昂贵的 20 世纪 60 年代是非常有价值的定律。

第
6
节
并行计算机的内存

"曙光一号"并行计算机是 1993 年我国自行研制的第一台用微处理器芯片（Motorola 88100 微处理器）构成的全对称紧耦合共享存储多处理机系统（SMP），定点速度每秒 6.4 亿，主存容量最大为 768 MB。

——《曙光一号并行计算机研制过程回顾》，
李国杰, 樊建平, 陈鸿安, 2001

"曙光一号"并行计算机

并行计算机的内存结构：SMP 和 NUMA

SMP 是指 CPU 访问所有内存的速度相同，NUMA 是指 CPU 访问内存的速度有差异

并行计算机（Parallel Computer）是指一个计算机中包含多个 CPU 单元，具体实现方式包括前面所讲的多核、多路。多个 CPU 与内存的连接方式形成不同的结构。

"对称多处理"（Symmetrical Multi-Processing，SMP）是并行计算机的一种内存组织方式，所有 CPU 都可以访问所有内存。CPU、内存之间通过一种高速的互联网络进行数据传递。所有内存组成一整块统一的地址空间，软件无论运行在哪一个 CPU 上，只要按照唯一的内存地址就能访问到相同的内存单元。所有 CPU 访问所有内存单元的时间是相同的。

"非统一内存访问"（Non Uniform Memory Access，NUMA）是另外一种内存组织方式，每个 CPU 都安装内存条（称为本地内存），所有 CPU 之间通过互联网络进行合作，每个 CPU 还能访问其他 CPU 安装的内存（称为远程内存）。CPU 访问本地内存的速度比访问远程内存更快，这也就是"非统一"这个词语的含义。

SMP 与 NUMA 内存模型如图 4.9 所示。

SMP 的优点是结构简单，缺点是当 CPU 个数增加和内存容量增大时会造成互联网络开销增大，容易成为扩展的瓶颈。而 NUMA 相比 SMP 更容易支持大容量内存，互联网络不容易成为瓶颈，兼容了共享内存的方便性和系统扩展的灵活性。

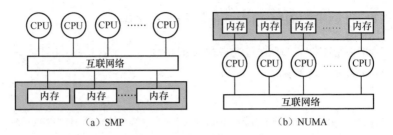

（a）SMP　　　　　　　　　（b）NUMA

图 4.9　SMP 与 NUMA 内存模型

SMP 和 NUMA 架构都在 20 世纪 90 年代推出主流商业系统。龙芯 3B4000 四路服务器就是一个典型的 NUMA 架构。

并行计算机的 Cache 同步

缓存设计的关键问题是数据同步

并行计算机中，每个 CPU 单元都可能含有 Cache，所以需要考虑所有 CPU 之间的 Cache 数据同步机制。

目前最常用的方法是基于目录的 Cache 一致性协议。在互联网络中实现一个全局的目录表，表中的每一项记录一个存储单元的状态，也就是这个存储单元在哪些 CPU 的 Cache 中已经有备份。当一个 CPU 写内存时，要查找目录表，如果该内存单元在其他 CPU 中含有备份，则向其他 CPU 发送广播通知。目标 CPU 收到通知后，更新自身包含的 Cache 数据。

Cache 目录一致性协议以很简单的结构实现了并行计算机中多个 CPU 之间的数据同步，既适用于 SMP 也适用于 NUMA。

并行计算机的 Cache 一致性

严格的一致性会严重丧失性能，"弱一致性"是计算机制造者和程序员的妥协

Cache 目录一致性实现了多个 CPU 之间的 Cache 同步。但是不同计算机对 Cache 更新通知的时序规定了不同的原则。

- 强一致性：系统中所有更新 Cache 的通知要执行结束，才允许各 CPU 执行后续的访存指令。这种方式使所有处理器核之间严格保证 Cache 一致性，但是会使各 CPU 花费大量时间等待 Cache 通知结束，从而降低了系统性能。

- 弱一致性：各 CPU 不需要等待所有 Cache 通知执行结束，就可以执行访存指令。在这种情况下，CPU 硬件不维护所有 Cache 的强制一致性，某一个 CPU 写内存的行为可能不会及时通知到所有其他 CPU，这时不同的 CPU 会在 Cache 中读取出不同的数值。如果程序员觉得在有些程序中必须保证强一致性，可以调用 CPU 提供的一条"内存同步指令"，强行使 CPU 等待所有 Cache 更新结束。

目前绝大多数实际的并行 CPU 都采用弱一致性。弱一致性让程序员承担了很少量的维护代价，但是性能比强一致性要高很多倍。程序员在编写并行算法时，对于多个线程要访问相同内存单元的位置，只需要适当插入"内存同步指令"来使线程"看"到一致的数据。

龙芯 CPU 的内存同步指令是 DBAR，CPU 在执行 DBAR 指令时，会

确保整个计算机中所有 CPU 的 Cache 行同步完成，在 DBAR 指令之后的所有访存指令都能够访问到同步之后的最新结果。

什么是原子指令？

所有多核CPU都会提供实现原子操作的指令

原子指令（Atomic Instruction）用于在多个 CPU 之间维护同步关系。在一些科学计算问题中，通过并行算法把子问题分配到多个 CPU 上执行，但是各个子问题之间存在合作关系，因此需要硬件机制来实现多个 CPU 之间的同步。

一个典型的同步例子是"原子加 1"问题。例如，一个 CPU 要对内存单元 M 中的数据加 1，这个动作需要 3 条指令来完成：读 M 的值到寄存器 R，对 R 执行加 1 运算，把 R 的值写回内存单元 M。如果计算机中只有一个 CPU，执行上面 3 条指令不会有任何问题。但是如果 CPU 有两个，则可能在一个 CPU 执行过程中，另一个 CPU 也执行这 3 条指令，最后 M 的结果不是增加 2 而是增加 1。图 4.10（a）展示的就是无原子指令保护时的一种错误结果。

原子指令可以实现一个 CPU 独占执行时间。使用原子指令把连续多条指令包含起来，计算机保证只有一个 CPU 处于执行状态，其他 CPU 必须等待原子指令结束才能继续执行。图 4.10（b）展示的就是实现"原子加 1"的正确方法。

原子指令的实现机制一般是在 CPU 的互联网络中实现一个全局的原子寄

存器，所有 CPU 对这个原子寄存器的访问是互斥的。CPU 使用原子指令申请访问原子寄存器时，互联网络会对所有 CPU 进行仲裁，确保只有一个 CPU 可以获得对原子寄存器的访问权；如果有 CPU 获得了原子寄存器访问权，其他 CPU 必须等待该 CPU 释放权限才能继续执行。

CPU1	CPU2
读 M	
	读 M
	R+1
R+1	写 M
写 M	

（a）无原子指令保护

CPU1	CPU2
原子指令开始	
读 M	
R+1	
写 M	
原子指令结束	
	原子指令开始
	读 M
	R+1
	写 M
	原子指令结束

（b）有原子指令保护

图 4.10　原子指令实现 CPU 同步

龙芯 CPU 中的原子指令有两条，LL 指令用于获取独占权限，SC 指令用于释放独占权限。这两条指令通常是成对的使用。在需要实现 CPU 同步的程序中，LL 指令放在"原子指令开始"的位置，SC 指令放在"原子指令结束"的位置。x86、ARM 也都有实现类似功能的原子指令。

学习过数据库原理的读者可以发现，原子指令类似于数据库中的事务（Transaction）的概念。事务是指一个用户对数据的修改是独立完成的，不受其他用户的影响。原子指令实际上也是对连续的一段指令实现"事务化"，在执行期间不受其他 CPU 影响。

第 **7** 节　集大成: 从CPU到计算机

乔布斯常常与沃兹一道在自家的小车库里琢磨计算机。制造个人计算机必需的就是微处理器，他们终于在 1976 年度旧金山计算机产品展销会上买到了摩托罗拉公司出品的 6502 芯片，功能与 Intel 公司的 Intel 8080 相差无几，但价格却只要 20 美元。他们设计了一个电路板，将 6502 微处理器和接口及其他一些部件安装在上面，通过接口将微处理机与键盘、视频显示器连接在一起，仅仅几个星期，计算机就装好了。乔布斯的朋友都被震动了，但他们都没意识到，这个其貌不扬的东西就是世界上的第一台个人计算机。

——《乔布斯和苹果的故事》，1998

第一台个人计算机 Apple-1，主板未装箱，连接键盘、显示器

总线：计算机的神经系统

总线是计算机中模块之间的通信线路。总线连接了 CPU、内存、外设等计算机中的主要模块

总线（Bus）是模块之间的通信线路，是把所有模块连接起来的纽带，是 CPU 作为计算机的大脑来指挥其他模块的神经中枢。

总线分为不同的类型，用于连接不同种类的模块。计算机的核心模块要求高速的互联，例如 CPU 与内存之间的连接，这种总线称为"系统总线"，有的公司称为"前端总线"；而用于连接外围设备的总线则不要求这么高的计算速度，称为"外设总线"。

有的计算机采用一个独立的芯片来管理外围设备，称为桥片。桥片可以看作 CPU 的"副官"，把管理外设的工作接管过来。桥片一端接 CPU，另一端接各种外设。例如龙芯中科研发的 7A1000 桥片，可以和龙芯 3A4000 芯片组合使用。龙芯 3A4000 和 7A1000 之间采用高速的 HT 总线，7A1000 和外设之间则采用低速总线（例如 PCIe 等），如图 4.11 所示。

有的 CPU 把桥片集成在同一个芯片内部，CPU 直接引出外设接口。这样的芯片集成度高，节省主板面积，在台式计算机、笔记本计算机上广泛使用。但服务器因为外设类型复杂，多数情况下还是需要一个独立的桥片，甚至在桥片下面还需要再连接更多扩展外设接口的芯片，形成了多个层级的外设总线，避免在一条总线上设备太多而造成数据堵塞。

外设总线的数据传输速度，取决于实际中要处理的数据量的大小。台式计算机上逐渐普及目前最新的 PCIe 4.0 外设总线，理论峰值速度达到

2GB/s，这对于日常生活中传输图片、音乐、电影等数据来说，基本上就够用了。

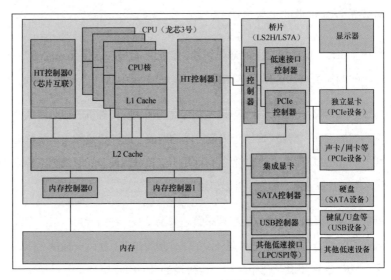

图 4.11　龙芯 3 号搭配 7A1000 桥片的主板结构

从 CPU 到计算机：主板

主板是一块电路板，把计算机中的主要模块连接起来

主板（Motherboard）是计算机中的一块电路板，所有主要的电子元器件都焊接在主板上，还有一些外围设备以独立的电路板插到主板的 I/O 扩展槽上。

CPU、内存条、桥片、显卡、网卡以及其他主要电路模块都安装在主板上，这样共同组合成一台完整的计算机。CPU 和主板都封装在机箱里，平时看不到，只有打开机箱才能一睹 CPU 的"芳容"，龙芯 3A4000 台式计算机主板如图 4.12 所示。

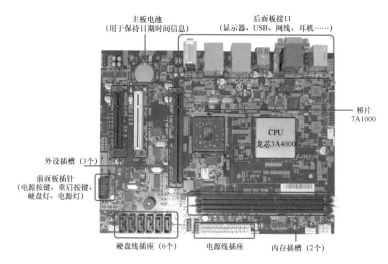

图 4.12　龙芯 3A4000 台式计算机主板（尺寸：24.5cm×18.5cm）

龙芯 3A4000 台式计算机主板是一块典型的印制电路板（Printed Circuit Board，PCB）。印制电路板由绝缘底板、电路导线和连接电子元件的焊盘组成，把电子系统中复杂的布线集成起来，可以通过自动化的机器来焊接元器件，在出现质量问题时也可以方便地进行维护和整体替换。

CPU 安装到主板上的方式有焊接、插座两种。龙芯 3A4000 常用的一种封装方式是球栅阵列封装（Ball Grid Array，BGA），在芯片下面有一组焊球，每一个焊球都是 CPU 的一个引脚。龙芯 3A4000 的芯片尺寸是 37.5mm×37.5mm，引脚数量是 1211 个，所以在主板上要为龙芯 3A4000 设置 1211 个焊点。在生产计算机时，使用自动化的机器把龙芯 3A4000 焊接到主板上，不仅提高了电子设备生产速度，还提高了抵抗振动的可靠性。龙芯 3A4000 也会提供另一种封装方式——栅格阵列封装（Land Grid Array，LGA），不需要使用焊接手段，而是用一个安装扣架把 CPU 固定在主板上，利用扣架的压力使 CPU 的引脚和主板连接，可以随时解开扣架更换 CPU，这种方式非常便于维护和升级，在台式计算机、服务器中使用较多。

印制电路板不仅可以支持多层结构，即多个绝缘层和导线层交替叠加在一起，还可以支持更大密度的电路布线。大多数计算机主板都是 4 层或 6 层板。龙芯 3A4000 在设计时考虑了节省主板成本，可以支持 4 层布线的主板。

印制电路板的创造者是奥地利人保罗·艾斯勒（Paul Eisler），他于 1936 年首先在收音机里采用了印制电路板。1948 年美国将此发明广泛用于商业用途，印制电路板从此开始出现在每一种电子设备中。

CPU 运行的第一个程序：BIOS 固件

BIOS 是固化到主板上的软件，是开机后执行的第一个程序

固件（Firmware）是指向电子硬件中嵌入的软件程序。这种电子硬件一般带有可擦写的存储器，软件程序可以写入存储器中来改变电子硬件的功能。

计算机中最重要的固件是基本输入输出系统（Basic Input Output System，BIOS），BIOS 包含了计算机在开机时需要运行的初始化程序。BIOS 存储在主板上的一个"只读存储器"（Read-only Memory，

ROM）芯片中，这个芯片的内容是在计算机出厂之前使用专业的生产设备写入的，出厂后就固化住，用户一般不用修改。

BIOS 是 CPU 运行的第一个软件。在计算机主板开机上电时，CPU 从 ROM 中读取软件代码来执行。

BIOS 主要执行 3 方面的功能，工作流程如图 4.13 所示。

* 系统自检。BIOS 会对计算机上所有硬件进行探测，确保计算机中已经正确安装了所有必要的模块。要探测的内容有 CPU 型号、物理内存容量、键盘、鼠标、硬盘、显示器、网卡等。BIOS 还会对内存条进行数据读写校验，如果写入内存的数据和读出来的不一致，则代表内存有坏单元，BIOS 会发出警告，停止启动。

* 初始配置。BIOS 提供菜单界面，用户可以对计算机进行一些配置。计算机的说明书中都会专门讲述 BIOS 的设置方法。例如，在 BIOS 中可以设置开机密码，用户只有输入正确密码才能进入系统；可以设置计算机的日期、时间，查看 CPU 的温度；还可以设置计算机上启动操作系统的存储设备是从光盘启动还是从硬盘启动。在服务器上，还可以设置磁盘阵列（Redundant Arrays of Independent Disks，RAID），使用多个磁盘构成冗余备份来提高数据存储的安全性。

* 加载操作系统。这是 BIOS 最重要的功能，在系统自检通过后，BIOS 从存储设备（硬盘或光盘）上找到操作系统的文件，把操作系统的引导程序加载到内存中运行。至此，BIOS 就完成了全部任务，接下来就由操作系统来接管整个计算机。

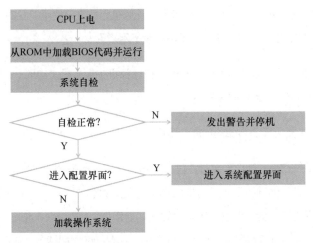

图 4.13　BIOS 的工作流程

BIOS 的整个生命周期就是从计算机上电开机，直到操作系统投入运行。在龙芯计算机上，BIOS 的运行时间只有短短几秒。BIOS 的代码规模也很小，现在一个 4MB 的 ROM 芯片就可以装下。

龙芯计算机使用的 BIOS 一般采用开源软件项目进行改造。2018 年之前的龙芯计算机一直使用 PMON 项目，2018 年之后则转为使用功能更先进、更符合业界最新标准的 UEFI 项目。

固件属于一个专业狭窄的开发领域，不会直接向消费者销售，只能销售给 CPU 厂商、计算机厂商。固件又是一个开发难度非常高的产品，需要开发人员对计算机原理有全面的理解，又需要开发人员与时俱进地学习各种新型硬件设备。因此，专业做固件的厂商在市场上只有很"小众"的几家，从事固件开发的人员也是计算机人才中的精英，掌握固件开发能力是会"造计算机"不可缺少的环节。

协同工作：在 WPS 中敲一下按键，计算机里发生了什么？

《深入理解计算机系统》整本书都是在回答这样一个看似简单的
问题

用户使用计算机的过程，也是 CPU、操作系统、应用程序、外围设备协
同工作的复杂过程。

本书书稿是在龙芯计算机上，使用金山 WPS 办公软件编写的。在笔
者写这段文字的过程中，每次敲下一个按键，计算机里就会发生下面的
事情。

（1）键盘探测到有按键被按下，然后会发出一个电信号给主板上的桥片
7A1000。

（2）桥片 7A1000 接收到来自外围设备的电信号，并把这个事件信息保
存在自身的一个寄存器中。桥片 7A1000 通过系统总线向龙芯 CPU 的
中断引脚发出通知信号。

（3）龙芯 CPU 收到中断信号，先保存在自身的一个"中断状态寄存
器"中。

（4）在 CPU 的指令流水线中，取指令单元从内存中加载指令的同时，
会把中断状态寄存器的内容附在指令后面送入乱序执行的重排序缓存
（Reorder Buffer）中。在发射指令时，检查到重排序缓存中有中断状
态，则按照例外的处理机制，撤销还没有提交（COMMIT）的指令。

（5）CPU 切换特权级，提升为操作系统权限，把当前指令地址强行修改

为操作系统中处理中断的软件模块入口，即中断处理程序的入口。

（6）中断处理程序检查桥片 7A1000 的寄存器，提取出最早触发中断的来源，发现是一个键盘事件。中断处理程序读取寄存器的内容，判断是哪一个按键的编码。

（7）中断处理程序检查是哪个应用程序在等待按键。由于是在 WPS 软件界面中按下键盘，中断处理程序要把这个按键编码传递给 WPS 应用程序。具体做法是在操作系统中维护一个针对 WPS 应用程序的键盘事件队列，刚刚按下的按键编码被加入这个队列中。键盘事件队列位于操作系统的核心数据区。

（8）中断处理程序执行结束后，返回操作系统。

（9）操作系统切换 CPU 的特权级，降低到应用程序权限，把 WPS 应用程序恢复运行。

（10）WPS 应用程序变成活跃状态，接收按键事件。WPS 无法直接访问键盘事件队列，而是需要使用系统调用（System Call）来获取操作系统的服务，由操作系统读取核心数据区，把键盘事件队列中的按键编码传递给 WPS 应用程序。

（11）至此，WPS 应用程序已经接收到了按键的编码，需要在界面中显示输入的字符。具体过程是 WPS 调用绘图函数，控制显卡设备进行绘图，显卡会把图像信息传递给显示器，这样就在计算机屏幕上描绘出正确的字符点阵。

计算机处理一次按键事件的流程如图 4.14 所示。

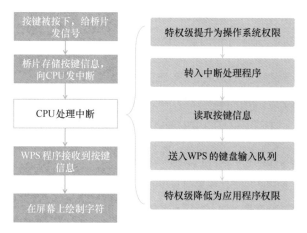

图 4.14　计算机处理一次按键事件的流程

本书讨论的这个问题是龙芯团队招聘员工时一道必考的面试题。对这个问题能否回答得全面、细致，是检验一个计算机专业人员是否做到融会贯通的"试金石"。

计算机为什么会死机？

解决死机问题是掌握计算机设计能力的必经之路

"死机"是指计算机在使用过程中失去响应、界面不再变化，无法正常操作。死机是计算机发生的一种故障，不仅影响用户使用体验，还会造成业务数据来不及保存而丢失，严重时甚至会造成不可挽回的事故。

消除死机问题是制造计算机过程中的重要工作。任何复杂工程产品都有可能存在设计缺陷，计算机产品是人类发明的高端精密设备，在原型样机阶段都有可能存在一定概率的死机问题，工程师需要投入大量时间排

199

查死机原因、提升产品稳定性，有的深层次、低概率死机问题更是需要以月甚至以年为单位的时间来解决。

笔者在多年间数次亲自解决死机问题，每一次解决死机问题都是一段值得回味的经历。排查死机问题有点类似于在宝箱中捉虫，也带有侦查案件的悬念。这里仅列举几个龙芯计算机曾经排查过的死机问题。

- 操作系统问题。这种问题属于软件的 bug，占据绝大多数的死机原因。龙芯的操作系统来自开源的 Linux，而 Linux 作为社区开发的产品更新速度很快，社区不会每次升级时都在所有 CPU 上做完善测试。有可能新版本加入的功能对龙芯 CPU 有不适合的代码，这就会使计算机陷入死机。解决方法往往是等待社区在下一个版本推出修订代码，也有很多次是由龙芯团队自主完成修改后提交给社区。

- 主板硬件电路不稳定。有的龙芯计算机使用了低质量的电源，供电不稳定，偶尔不能提供足够的电流，造成晶体管单元没有足够电压来翻转 0、1 状态，这样造成 CPU 内部的寄存器、指令流水线存储了错误的二进制数据，直接造成软件逻辑失控。还有一种可能是 CPU 和内存条之间的电路连线信号不稳定，在设计主板时没有严格保证多条数据信号线之间的等长关系，或者是数据信号线之间距离太近而引发电磁效应、造成串扰。有经验的龙芯硬件工程师都把电源、内存视为稳定性问题的两大根源，"电源是血脉、内存是仓库"。

- 外设故障。龙芯计算机曾经使用过 AMD 公司的一款显卡，发现偶尔会发生图像固定不变、计算机不听使唤的现象。经过查找 AMD 公司的主页，发现这个问题已经在问题列表中。当 CPU 对显卡发出某一种命令的组合时，显卡不能及时返回信号，造成 CPU 陷于等待状态，无法继续执行。最后按照该厂商额外提供的技术手册，换成另外一种命令组合方式绕开了这个问题。

解决死机问题是对计算机工程师的最大考验之一，也是提升能力的最好机会。一个高水平的工程师一定是建立在多年解决问题的经验上的。龙芯团队招聘员工的一个常用的面试题目是"你解决过的最难的 bug 是什么？"这个问题也可以作为检验工程师综合能力的试金石。

每一次解决死机问题，都增强了工程师对整个计算机系统原理的认识。多年以来，龙芯中科的技术团队全面提升了设计能力和解决问题能力。目前龙芯计算机已经可以达到一年 365 天不关机，长年运行也不再受死机问题困扰，持续提供"健壮"的计算服务。

CPU 生产制造篇

从电路设计到硅晶片的实现

化设计为实物

1995 年 12 月 13 日这场会议，确定了我国电子半导体工业有史以来投资规模最大的一个国家项目——909 工程，这个项目目标是投资 100 亿元，建设一条 8 英寸（1 英寸 =2.54 厘米）晶圆、从 0.5 微米工艺起步的集成电路生产线。

——《"芯"想事成：中国芯片产业的博弈与突围》，陈芳，董瑞丰

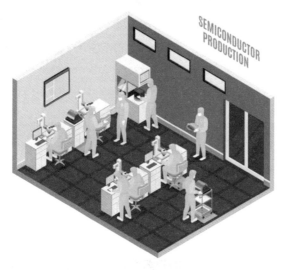

半导体芯片在无尘超净车间生产

CPU 是谁生产出来的？

IC 设计公司把CPU设计成果交付给流片厂商

CPU 的生产过程，就是从数字电路到半导体芯片的物理实现的过程。数字电路描述的是晶体管之间的连接关系，是抽象的设计；半导体芯片是可以安装到电子设备中的实际元器件。

半导体行业形成了"设计"和"生产"相分离的精细产业分工。大多数芯片公司只做设计工作，生产工具只有计算机和 EDA，主要由电子工程师从事脑力活动，没有生产线和工人，这样的公司称为"无晶圆厂 IC 设计公司"（Fabless）。

IC 设计公司把芯片制造外包给专业的晶圆代工厂。晶圆代工厂的工作内容包括生产晶圆、流片、封装、测试，甚至这 4 个方面的工作也可能由不同的公司分工完成。

芯片设计和制造流程如图 5.1 所示。

图 5.1　芯片设计和制造

龙芯中科是典型的芯片设计公司，工作内容是 CPU 的设计研发。龙芯 CPU 的实际生产过程是交给芯片生产厂商的，龙芯中科下单购买芯片生产服务，芯片厂商按期交付生产好的芯片产品。

CPU 的前端设计工程师使用 Verilog 语言描述电路结构，利用 EDA 的"逻辑综合"（Logic Synthesis）工具转换成门级的电路描述，即"网表"

（Netlist）。物理设计工程师拿到网表后，经过布局、布线确定晶体管在芯片中的实际位置，形成交付给流片厂商的最终成品，即版图文件。

版图文件是生产厂家所使用的技术文件，也称为 GDS2 文件。由于 GDS2 文件体积较大，需要保存整个芯片上所有晶体管、金属连线和各层之间的连接关系，因此在早些年都是将其记录在磁带设备上交给半导体工厂。磁带设备的成本远低于磁盘，非常适合于批量保存大规模的数据，到现在磁带设备也还广泛应用于数据备份等场合。

"流片"这个术语就是起源于磁带设备。磁带设备保存的是流式信息（即必须从前到后顺序式地访问，不能像磁盘一样任意访问所有位置），所以把 GDS2 文件交给厂家的过程叫作 tapeout，中文就翻译成"流片"。现在网络发达，已经不再需要使用磁带设备，但是"流片"这个习惯用语还是一直在使用。

CPU 设计者为什么要"上知天文、下知地理"?

知其然也要知其所以然，可以不做但不可以不会

CPU 的设计过程就是对亿万个晶体管做"排兵布阵"，使用巨量的半导体电路单元实现一个计算机体系结构。CPU 的设计者是所有晶体管的将领，需要"上知天文、下知地理"。

"上知天文"是指 CPU 设计者需要懂得 CPU 上面承载的软件的原理，包括操作系统、编译器和应用软件生态。CPU 是这些软件的运行平台，也是为软件提供运行能力的服务者。CPU 设计者必须了解软件的原理和特点，才能更好地理解软件的需求、设计出满足需求的优秀 CPU。如果不理解软件的需求，做 CPU 只能是闭门造车。

"下知地理"是指 CPU 设计者需要懂得 CPU 的生产制造技术，包括电路逻辑、半导体工艺、生产材料。虽然 CPU 设计者大部分时间使用 Verilog 语言来抽象地描述电路结构，但是如果要使电路结构发挥出最大潜力，充分节省面积、提高速度、降低功耗，那就必须要懂得流片工艺。所以 CPU 设计者也要懂得底下一层的原理，要经常和流片厂商互通信息。

"上知天文、下知地理"是对 CPU 设计者提出的全面的素质要求。在设计 CPU 时遇到问题，经常需要用其上层或下层的原理进行解释，"知其然也要知其所以然"是做工程的基本功，上层和下层的原理是上岗前的必要储备，"可以不做但不可以不会"。

在龙芯团队有一个现象，很多优秀工程师都有跨行转岗的经历。例如，做应用软件出身的程序员转行做操作系统开发，能够从产品角度对操作系统的界面风格、应用工具做出更贴近用户需求的设计；有 Java 编程经验的人搞 Java 虚拟机平台开发，能够站在应用编程人员的需求角度，对虚拟机提出更有价值的改进和优化方向；学物理、数学出身的人搞 CPU 物理设计，能够更自如地理解纳米工艺下晶体管的行为特性，以理论指导工程设计，做出更优秀的晶体管版图。

就像《论语》说的"君子不器"，做任何行业不仅要有一技之长，还要对多种学科融会贯通。学完本书的 CPU 通识课，也能够帮助读者在从事其他科学时更容易成功。

什么是 CPU 的纳米工艺？

CPU 的纳米工艺是指栅极沟道的最小宽度

纳米技术（Nanotechnology）是利用单个原子、分子来生产制造物质的技术。广义来讲，凡是生产制造工具的可控精度在纳米级别，或者生产材料的测量尺度在纳米级别的，都可以算是纳米技术。"纳米级别"通常是指 0.1nm~100nm，是目前微加工技术的极限。

CPU 的纳米工艺的专业定义是指"栅极沟道的最小宽度"。一个晶体管有 3 个引脚，晶体管导通的时候，电流从源极（Source）流入漏极（Drain），中间的栅极（Gate）相当于一个水龙头的闸门，它负责控制源极和漏极之间电流的通断，如图 5.2 所示。栅极的最小宽度就是纳米工艺中的数值。

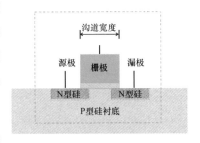

图 5.2　晶体管的栅极沟道宽度

在网络文章中，CPU 的纳米工艺经常被描述为"两个晶体管的间距"，或者被描述为"晶体管本身的大小"，严格讲都是不准确的，这是典型的科学传播中产生的讹误。无论是晶体管的间距，还是晶体管本身的大小，都要大于栅极的宽度。

栅极的宽度对芯片的功耗和响应速度都有影响。电流通过栅极时会损耗，栅极越窄则芯片的功耗越小。栅极越窄也可以使晶体管的导通时间变短，有利于提升芯片的工作频率。

世界上最先进的半导体纳米工艺都是首先用来制造 CPU 的。1978 年 Intel 8086 的蚀刻尺寸为 3μm（3000nm），2006 年初 Intel Core 采用 65nm 工艺，2016 年第七代 Core I 系列 KabyLake 架构的处理器使用 14nm 工艺。2020 年苹果公司推出 A14 处理器，采用 5nm 工艺。

硅晶片的由来

上海华力成立于 2010 年 1 月，拥有中国大陆第一条全自动 12in 集成电路芯片制造生产线（华虹五厂），工艺技术覆盖 55–40–28nm 各节点，月产能达 3.5 万片。目前在浦东康桥建设的第二条 12in 生产线（华虹六厂），设计月产能 4 万片，工艺技术从 28nm 起步，最终将具备 14nm 三维工艺的高性能芯片生产能力。

——华虹公司网站

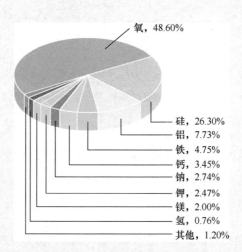

氧，48.60%

硅，26.30%
铝，7.73%
铁，4.75%
钙，3.45%
钠，2.74%
钾，2.47%
镁，2.00%
氢，0.76%
其他，1.20%

地壳里各种元素的含量，硅是非常充足的资源

为什么要把硅作为生产芯片的首选材料？

硅是储量丰富、性能优良的半导体制造材料

CPU 的生产流程是"从沙子变成芯片之旅"，生产芯片的硅是从沙子中提取出来的，沙子的主要成分是二氧化硅（SiO_2），主要来源是地壳中的岩石，岩石在外力作用下形成碎片，又在多年风化作用之下形成沙子。

为什么要把硅作为生产芯片的首选材料呢？

地壳中含量最高的元素是氧，占 48.60%；其次是硅，占 26.30%。所以硅是非常充足的资源，不会像石油、稀土一样成为稀有资源。

硅又是一种非常合适的半导体（Semiconductor）材料。半导体的定义是指常温下导电性能介于导体与绝缘体之间的材料。

纯净的硅是良好的绝缘体，而如果向硅中掺一些杂质（例如某一种金属离子），就能够改变其导电性能，还可能根据掺进的杂质浓度来调节导电性能的高低。这样就可以方便地在一整块硅材料中做出绝缘的部分和导电的部分，这就是半导体芯片的含义。

CPU 的完整生产流程

置身芯片生产车间中，周围都是最现代化的制造设备，有一种穿越到未来的奇妙感

CPU 的完整生产流程有几百道工序，使用的专业生产设备都是最尖端的

制造工具。CPU 的生产流程如图 5.3 所示。

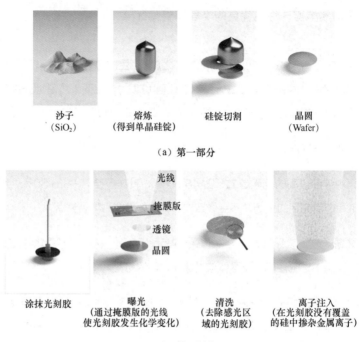

沙子
（SiO₂）

熔炼
（得到单晶硅锭）

硅锭切割

晶圆
（Wafer）

（a）第一部分

涂抹光刻胶

曝光
（通过掩膜版的光线
使光刻胶发生化学变化）

清洗
（去除感光区
域的光刻胶）

离子注入
（在光刻胶没有覆盖
的硅中掺杂金属离子）

光线

掩膜版

透镜

晶圆

（b）第二部分

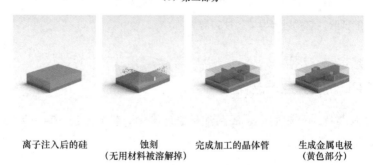

离子注入后的硅

蚀刻
（无用材料被溶解掉）

完成加工的晶体管

生成金属电极
（黄色部分）

（c）第三部分

图 5.3 CPU 的生产流程

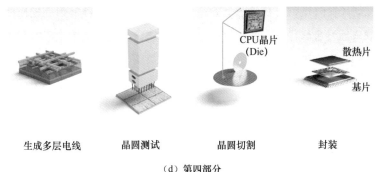

生成多层电线　　　　晶圆测试　　　　　晶圆切割　　　　　　封装

（d）第四部分

图 5.3　CPU 的生产流程（续）

简单来讲，CPU 的生产有以下主要步骤。

熔炼：将二氧化硅脱氧和多步净化后，得到可用于半导体制造的高纯度硅，学名叫电子级硅（Electronic Grade Silicon，EGS），平均每一百万个硅原子中最多只有一个杂质原子。通过硅净化熔炼得到的圆柱形大晶体称为硅锭（Ingot），质量约 100kg，硅纯度为 99.9999%。

硅锭切割：横向切割成圆形的单个硅片，每一片称为晶圆（Wafer）。

光刻：首先在晶圆上涂抹一层光刻胶（Photo Resist），再在光刻胶上遮盖一层玻璃，玻璃上有这一层的电路版图，有电路的部分是透光的，没有电路的部分不透光，这层玻璃称为掩膜版（Mask）。用紫外光线照射掩膜版，掩膜版上透光的部分有光线通过，光线照射到光刻胶上会使这一部分光刻胶发生性质变化。用一种特殊的溶液对晶圆进行清洗，电路部分对应的光刻胶就会被溶解掉。

离子注入：对着晶圆发射高速的金属离子束，金属离子打在没有光刻胶覆盖的晶圆部分，金属离子就会注入硅片中。掺入足够浓度的金属离子就会使这一部分硅具有导电能力。这一步骤完成后，可以去除多余的光刻胶。

蚀刻：有时候需要在晶圆上去除一些部分，例如在硅的表面挖出凹槽来铺设金属导线。同样是采用光刻的方法，先使晶圆上不需要去除的位置被光刻胶覆盖，再用一种酸液来清洗晶圆，这样露出的硅层表面就会被酸液溶解掉一部分，形成向里面的凹槽。凹槽里面可以很方便地铺设金属。

生成多层电线：复杂的芯片往往是由多层硅组成的，在每一层硅加工完成后，需要将绝缘材料铺设在已经完成加工的硅层表面，然后再加工下一层硅。

晶圆切割：用锋利的切割工具把晶圆分成 CPU 晶片，每一个小片包含一个 CPU 的完整电路，每一个 CPU 晶片就是一个处理器的内核（Die）。

封装：CPU 晶片被放到一个绝缘的底座上，这个底座称为衬底（也称为基片）。底座下面是用于连接到主板的焊点。晶片上面还要覆盖一个金属壳，称为散热片。衬底和散热片共同保护晶片不受外力损坏，合起来形成最终的芯片产品。

测试：芯片生产出来要进行各种检验，有瑕疵的芯片会被淘汰掉，合格的芯片装箱发货给计算机制造商。

生产芯片的 3 种基本手法

生产芯片的3种基本手法：生长、挖掉、掺杂

总的来说，生产芯片的过程中有生长、挖掉、掺杂 3 种基本手法。

- 生长是在原来的晶圆上堆积更多材料，是一个由少变多的过程。例如每两层之间的绝缘材料、金属线都是这样铺设出来的。

- 挖掉是在原来的晶圆上去除一些材料，是一个由多变少的过程。例如在晶圆上挖出凹槽，就是用蚀刻的手法。

- 掺杂是在原来的晶圆上渗透一些材料，是一个改变性质的过程。例如离子注入就是在硅表面渗入金属离子来改变其导电能力。

每一种手法都是借助光刻和掩膜版来遮盖晶圆上不需要加工的部分。所以要反复多次地涂抹光刻胶、遮盖掩膜版、曝光、溶解光刻胶，对露出的晶圆进行上面的 3 种加工，加工完后再洗掉光刻胶。

CPU 电路层数越多的芯片生产时间越长。例如一个高性能 CPU 采用 40 层的电路，如果按生产每一层平均需要 1.6 天的时间来计算，仅生产晶圆就需要 64 天，再加上前面的准备工作、后面的封装测试，这样一个芯片完成生产通常需要 3 个月以上的时间。

第 3 节　模拟元器件

1958 年，王守武组织创立了我国第一家生产晶体管的工厂——中国科学院 109 厂。这个厂在当年各项条件都很艰苦的环境下，奋斗到 1959 年，为我国 109 乙型计算机提供了大量所需的锗晶体管。

——《中国芯片往事》，2020

多种多样的电子元器件

基本电路元件：电阻、电容、电感

"三小弟"——电阻、电容、电感

基本电路元件是组成电路的最常用元件。半导体芯片从最简单的 3 个电路元件开始制造：电阻、电容、电感，如图 5.4 所示。这 3 个元件号称电路中的"三小弟"。

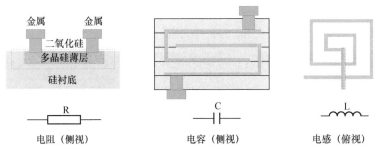

图 5.4　基本电路元件：电阻、电容、电感

电阻（Resistance）是对电流进行限制的元件。电阻也是对导体的导电能力的描述指标，不同的材料的电流通过能力也不相同，电阻越小则通过电流的能力越强。例如空气的电阻远远大于金属，绝缘体的电阻可以视为无限大。

初中物理教材中介绍了欧姆定律："电流 = 电压 ÷ 电阻"。可见，通过一个电阻的电流值，与电阻两端的电压成正比。

芯片中最常用的制造电阻的材料是多晶硅（Polycrystalline Silicon）。多晶硅是单质硅的一种形态，是熔融的单质硅在特殊条件下凝固时形成的晶格形态，具有一定导电能力。多晶硅在芯片中被做成薄层，通过控制薄层的厚度来生成不同的电阻值。也有的工艺在多晶硅中再掺杂其他杂质来增大单位厚度上的电阻值。

电容（Capacitor）是用于存储电荷的元件。两个相互靠近的导体，中间夹上一层不导电的绝缘介质，这就构成了电容器。当电容器的两个极板之间加上电压时，电容器就会存储电荷。电容器还有"通交流、阻直流"的作用，可以用于在电路中过滤噪声。

芯片中制造电容的材料是金属，在相邻的两个硅层中设计上下相对的两片金属层，通过调整金属层的面积、间距可调整电容值。电容器还可以使用多层金属组成"叠层"的结构来节省芯片面积。

电感（Inductor）是能够把电能转化为磁能存储起来的元件。一组缠绕的线圈就构成了电感。电感有"通直流、阻交流"的作用，可以用在电路中限制一定频率的信号通过。

芯片中制造电感的材料也是金属，在一个硅层中将金属设计成螺旋形的走线，通过调整金属线的长度、圈数来调整电感值。

电容和电感属于非线性元件，其两端的电流和电压的关系比电阻要复杂得多，需要使用指数方程来描述，这在高中物理中做了简单介绍。

对电阻、电容、电感这 3 种元件的完整理论分析要使用到微分方程，这是大学电子专业第一门基础课"电路分析"的核心内容。含有这 3 种元件的电路称为 RCL 电路，组合起来可以实现的电子装置有正弦波发生器、谐波振荡器、带通或带阻滤波器等，在电子设备中大量使用。

模拟电路的"单向开关": 二极管

二极管的单向导电特性: 许进不许出

二极管(Diode)是具有单向导电性能的器件。二极管的两个引脚分别称为阳极和阴极,当阳极电压比阴极电压高时二极管可以通过电流,当阴极电压比阳极电压高时二极管截止。

芯片中使用 PN 结来实现二极管。PN 结由一段 P 型半导体和一段 N 型半导体组成。P 型半导体、N 型半导体都是在纯硅中掺杂不同的杂质形成的。

纯硅是四价元素,每一个硅原子与相邻的硅原子形成了共价键(即两个相邻原子共用外围电子),整体上呈现电中性。P 型半导体是在纯硅中掺入三价元素杂质(例如铝、镓、硼、铟等),三价原子占据了硅原子的位置,与周围的四价硅原子组成共价键时,会缺少一个电子。N 型半导体是在纯硅中掺入五价元素杂质(例如磷、砷、锑等),五价原子占据了硅原子的位置,与周围的四价硅原子组成共价键时,会多出一个电子。P 型半导体和 N 型半导体如图 5.5 所示。

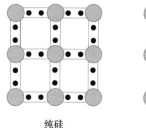
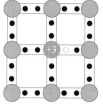
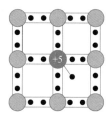

纯硅　　　　　　　　P 型半导体　　　　　　　N 型半导体

图 5.5 P 型半导体和 N 型半导体

N 型半导体中多出来的电子称为自由电子,可以在硅中运动而形成电流,从而具有导电性。P 型半导体由于缺少电子而形成空穴,也对 N 型半导体中的自由电子形成吸引作用，同样具有导电性。

如果对 PN 结施加正向电压，电子从 N 区向 P 区的运动形成电流，此时二极管导通。如果对 PN 结施加反向电压，电子在电场作用下被吸引到 N 区边缘，而 P 区没有可以运动的自由电子，无法形成电流，此时二极管截止。二极管的导通和截止如图 5.6 所示。

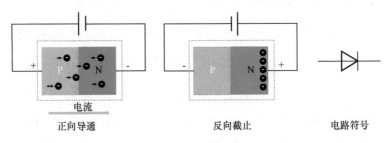

图 5.6　二极管的导通和截止

二极管在电路中实现"单向开关"的作用。二极管的导通和截止，相当于开关的接通与断开。

模拟电路的"水龙头"：场效应管

场效应管的两大特性：开关、放大

场效应管（Field Effect Transistor，FET）也是一种晶体管，是一个三端器件，其中两个引脚用来传输电流，第三个引脚应用电场效应来控制另外两个引脚是否连通。FET 的导通和截止如图 5.7 所示。

FET 中用来传输电流的两个引脚分别称为源极（Source）、漏极（Drain），第三个引脚称为栅极（Gate）。

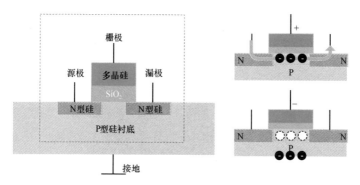

图 5.7　FET 的导通和截止

FET 的一种实现工艺是"金属－氧化物－半导体"(Metal-Oxide-Semiconductor, MOS)结构的晶体管,简称 MOS 晶体管。源极和漏极分别连接一块 N 型半导体,两块 N 型半导体嵌入一块 P 型半导体中。栅极的电压施加在两块 N 型半导体之间的沟道上,但栅极和 N 型半导体之间是绝缘的(通过一个很薄的二氧化硅绝缘层进行分隔)。栅极本身使用导体材料制作,可以采用金属,也可以采用多晶硅。

栅极的电压分为 3 种情形。

◈ 当栅极没有电压时,虽然 N 型半导体含有自由电子,但是两块 N 型半导体之间夹着一块 P 型半导体,相当于两个"背靠背"的 PN 结,这样一定是会阻挡电流通过的,所以源极、漏极之间无法形成电流。

◈ 当栅极施加正电压时,在电场作用下,P 型半导体中的少量自由电子被吸引到沟道中,提高了电子浓度,起到了降低电阻的作用。栅极电压足够大时,能够使源极、漏极之间形成一个 N 型的薄层通路,从而具备导电能力。

◈ 当栅极施加负电压时,电场起到和上面相反的作用,P 型半导体中的自由电子被排斥到另一边，在原来自由电子的位置形成了空穴，增强了 P 型半导体的绝缘能力。源极、漏极之间的电流为零。

FET 通过栅极起到开关作用，类似于水龙头中的旋钮。

FET 和三极管有类似的功能，都有 3 个引脚，都能以一个引脚的控制起到开关和放大的作用，主要区别在于 FET 是以电压进行控制的，三极管是以电流进行控制的。FET 具有响应更快、功耗更低的优点，因此在半导体芯片中 FET 的使用频率远远超过三极管。

模拟电路器件集大成者

不管多复杂的模拟电路系统，基本元器件不超过10个

模拟电路（Analog Circuit）是指对模拟信号进行传输、变换、处理、放大等工作的电路。模拟信号是连续变化的电信号，所以通常又把模拟信号称为连续信号。自然界中的许多信号都适合用模拟电路来处理，例如时间、温度、湿度、压力、长度、电流、电压，甚至是语音、雷达信号等。

在大学的电子专业中，模拟电路是紧接着电路分析的一门基础课程。

二极管、三极管、FET（场效应管）是模拟电路的三大核心器件。芯片中使用二极管、三极管、场效应管，再加上前面介绍的 RLC（电阻、电容、电感），经过多层金属导线连接，可以处理任何用微分方程和连续函数描述的模拟信号。

典型的模拟电路系统有信号放大电路、信号运算电路、反馈电路、振荡电路、调制和解调电路及电源等。

数字元器件

模拟信号是关于时间的函数，是一个连续变化的量，数字信号则是离散的量。

——*Digital Integrated Circuits: A Design Perspective*，Jan M.Rabaey 等，2017

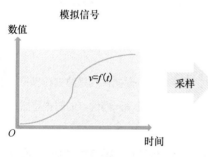
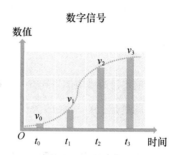

模拟信号经过采样转换为数字信号

数字电路的基本单元：CMOS 反相器

CMOS 反相器是所有集成电路的基础单元

数字信号（Digital Signal）在取值上是离散的、不连续的信号。数字信号是在模拟信号的基础上经过采样、量化和编码而形成的。数字信号在生活中的例子有数字式钟表、MP3 音频、邮政编码等。

现代计算机大多数属于数字计算机，使用有限状态的电路元器件处理数字信号，相比模拟计算机来说在工程上更容易实现。

最简单的数字电路只使用 0、1 两种信号，例如数字计算机就是采用二进制数字作为内部的数据表示和计算单位的。

数字信号是对模拟信号的近似抽象，数字电路的元器件也是建立在模拟元器件的基础上的。MOS 晶体管是模拟电路的基本元器件，同时也是数字电路的基础元器件。MOS 晶体管在栅极电压的控制下有开（导通）、关（截止）两种状态，利用引脚上电压的高、低变化，很自然地适用于在计算机中表示二进制的"0"和"1"。

目前实际芯片制造工艺大部分基于互补金属氧化物半导体（Complementary Metal Oxide Semiconductor，CMOS）技术。CMOS 比 MOS 多了一个"C"，代表"互补"，是指采用一对沟道相反的 MOS 晶体管相并联，能够实现"反相器"这样一个数字电路的基本单元。

反相器（Phase Inverter）是一个双端器件，如图 5.8 所示。N 沟道晶体管（简称 N 管）和 P 沟道晶体管（简称 P 管）连接起来，共享栅极，作为输入端；P 管的漏极和 N 管的漏极连接起来，作为输出端。

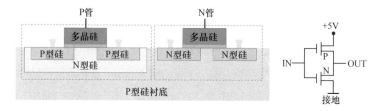

图 5.8　CMOS 反相器

反相器实现电压的"取反"。栅极电压为高电压（代表二进制的"1"）时，N 管导通、P 管截止，输出端为低电压（代表二进制的"0"）。栅极电压为低电压（代表二进制的"0"）时，N 管截止、P 管导通，输出端为高电压（代表二进制的"1"）。

CMOS 反相器实现了数字电路的非门功能，是最简单的门电路。CMOS 反相器是几乎所有数字集成电路设计的核心，CPU 就是用大量门电路组成的复杂数字电路。

数字电路器件集大成者

CMOS 反相器可以组合成所有数字电路的门单元

数字电路包括一系列的基础元器件，称为门电路，实现各种二进制运算。

常用的数字门电路有非门、与门、或门、与非门等，分别可以采用 P 管、N 管的不同组合来实现。后 3 种门电路都有两个输入 A、B 和一个输出 C。与门的计算逻辑是"只有 A、B 均为 1 时输出才为 1"，或门的计算逻辑是"A、B 有任何一个为 1 时输出就为 1"，与非门的计算逻辑是"只有 A、B 均为 1 时输出才为 0"。

布尔代数提供了理论基础，证明任何二进制运算功能都可以使用上面这些门电路搭建出来。CPU 从根本上来说就是由这些门电路组成的。CPU 中的模块分别使用不同的数字电路来实现，再使用 CMOS 工艺生产出芯片。

数字电路有两种：组合电路的输出仅由输入决定，本身不带有记忆功能；时序电路本身带有记忆功能，输出不仅由输入决定，还和本身存储的状态有关系。CPU 中既有组合电路又有时序电路，组合电路有运算器、译码器等，时序电路有寄存器、发射队列、Cache、TLB 等。

在大学电子专业中，一般是在模拟电路课程之后讲述数字电路课程。

电路的基本单元：少而精

所有复杂系统都是由简单的基础单元、简单的组合机制演化而成的

数字电路、模拟电路的基本元器件都不超过 10 种。模拟电路的基础元器件只有电阻、电容、电感、二极管、三极管、FET 这 6 种，数字电路的基础元器件也只有非门、与门、或门、与非门等。

但是，通过这些元器件的不同组合方式，可以形成无限多的电路功能，支撑了电气社会和信息化社会的运转。

电路世界是一个典型的"元素少、组合机制简单、实例丰富"的系统。在自然界中也存在大量类似的系统。到目前为止，科学家在浩瀚宇宙中发现的化学元素只有 118 种，牛顿经典力学以三条基本定律解释了星球的运行规律，欧氏几何以"五大公设"为基础推演出数形关系的庞大定理体系。

从远古时代就有一种哲学猜想认为复杂的世界是由非常少量的几种"积木"搭建出来的，科学发现逐步提高了这个猜想的可信度。作为学习 CPU 原理的读者，你手中的积木就是 CMOS 晶体管。

第 / **5** 节 **交付工厂**

20 世纪 80 年代，美国光刻机巨头 Perkin-Elmer 和 GCA 在芯片光刻市场上遭到了日本竞争对手佳能和尼康的猛烈攻击。结果，美国失去了对这项关键技术长达 20 年的垄断地位，而这正是摩尔定律背后的驱动力。

与此同时，一家默默无闻、无足轻重的光刻机小公司在荷兰刚刚起步。这家公司就是 ASML，它在今天获得了无与伦比的成功。作为世界上很大和很赚钱的光刻机制造商，ASML 取得了 70% ~ 80% 的光刻市场份额，并多年来在光刻技术上一骑绝尘，将佳能和尼康远远甩在后面。

——《光刻巨人：ASML 崛起之路》

半导体晶圆，每一个矩形包含一个芯片的电路

版图是什么样的？

版图包含芯片中所有晶体管的布局和布线信息

集成电路版图简称"版图"，包含芯片中所有 CMOS 晶体管的布局和布线信息，如图 5.9 所示。版图是物理设计的成果，是设计厂商交付给流片厂商的输出材料。

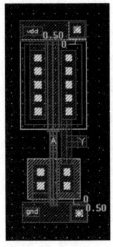

EDA 软件中设计的
反相器（顶视图）

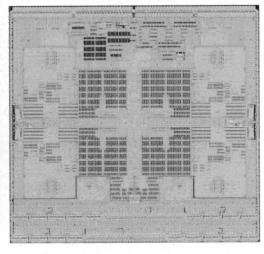

龙芯 3A4000

图 5.9　版图：从反相器到 CPU

版图是使用专业的 EDA 设计制作的。版图设计人员在 EDA 的图形界面中采用"所见即所得"的方式，排列晶体管和布线。

在 EDA 中，不同的材料使用不同的颜色来表示，例如反相器中有 N 型半导体、P 型半导体、栅极（多晶硅）、接触孔、金属层等，每一种材料使用不同的色块。这些色块是上下层叠的关系，从顶视图看上去就是多种颜色的矩形区域叠放在一起。"看到平面图，想到三维结构"是版图设计人员需要具备的基本素质。

设计好的元器件可以加入单元库中。单元库保存设计好的电路元器件的集合，像上面的反相器就可以加入单元库中。版图设计者可以直接从单元库中选择已有的元器件，不需要每次都重复设计。单元库的来源有 EDA 本身自带、流片厂商提供，以及第三方商业单元库厂商销售。

EDA 还提供自动检查功能，根据预先指定的设计规则检查版图是否符合预期功能。检查内容包括门电路的位置关系、布线的时序、多层之间的连通性等很多方面。自动检查功能是版图设计者的小助手，可以在很大程度上消除人为引入的错误、提高版图设计成功率。

优秀的版图不仅是科技成果，同时也是艺术成果。面对一个走线精致的版图，我们可以深深感受到科技的美感。版图还可以承载历史意义，第一款龙芯 1 号处理器推出时，正逢中国计算机事业的开创者夏培肃院士从教 50 周年，在龙芯 1 号的版图中，每一层金属上都有"夏 50"的标记（见图 5.10），永久镂刻先驱们的开创精神。

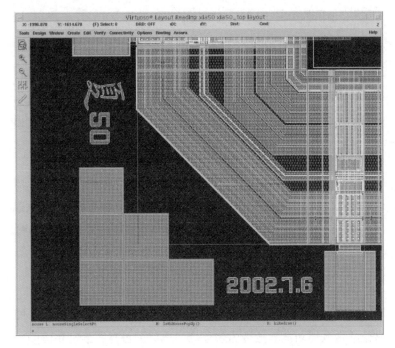

图 5.10　龙芯 1 号版图上的"夏 50"标记

CPU 的制造设备从哪里来？

高端光刻机是CPU上游供应链的重要一环

制作半导体芯片需要的设备有十余种，常用的有硅单晶炉、气相外延炉、氧化炉、磁控溅射台、化学机械抛光机、光刻机、离子注入机、引线键合机、晶圆划片机、晶圆减薄机等。

光刻机是半导体芯片制造设备中最复杂、技术难度最高的设备，有"工业皇冠上的明珠"之称。世界上最先进的光刻机只有荷兰、美国等少数国家拥有核心技术。例如，荷兰 ASML 公司是全球最大的半导体设备制造商之一，生产的 TWINSCAN 系列高端光刻机占据全球市场份额的80%，目前全球绝大多数半导体生产厂商都向 ASML 采购光刻机，例如Intel、台积电（TSMC）、三星（Samsung）等。最先进的光刻机每台售价超过 10 亿美元，每年也就出售几百台。

排在 ASML 之后的光刻机厂商有日本的尼康、佳能，但是这两个厂商的设备只能勉强达到 ASML 低端产品的水平。尼康以低价策略艰难地抢占市场份额（同类机型价格不到 ASML 的一半），佳能则几乎已经退出高端光刻机的角逐。

中国的微电子制造设备在起步晚、技术薄弱的情况下奋力追赶，例如上海微电子装备有限公司（SMEE）研发生产了 90nm 制程的光刻机，正在向更高的制作工艺突破。

晶圆设备、封装测试设备的技术要求相对要低一些，目前也有很多中国厂商在生产。读者甚至可以在电商交易平台上找到芯片制造设备的购买渠道，低端光刻机的单价也就是 500 万元左右，硅单晶炉的单价不超过100 万元。

CPU 代工和封测厂商有哪些？

晶圆制造的难度最高，芯片设计的难度稍低，封装测试的难度最低

芯片产业链可以简单地分为 3 个环节：设计、制造、封装测试。从难度

上来讲，制造的难度最高，封装测试的难度最低，设计的难度处于两者之间。

芯片制造厂商也称为"代工厂"，意思就是专门给设计公司提供芯片制造服务。世界上最著名的代工厂是台积电，其占据超过 50% 的全球市场份额。其次是韩国的三星，市场份额约为 20%。第三名是美国的格罗方德（Global Foundries，GF），格罗方德于 2009 年从 AMD 剥离出来，专门从事芯片代工业务，市场份额约为 10%。其他的代工厂市场份额均小于 10%，知名企业有联电（中国台湾）、中芯国际（SMIC）、高塔半导体（以色列）、华虹半导体（中国上海）等。2010 年华虹半导体旗下成立上海华力，可以提供 12in（1in=2.54cm）晶圆、22nm 代工服务。

欧洲的代工厂相对较少。意法半导体（ST Microelectronics）是欧洲最大的半导体公司，于 1987 年成立，由意大利的 SGS 微电子公司和法国的 Thomson 半导体公司合并而成。意法半导体的业务覆盖了芯片设计、晶圆制造、芯片代工、封装测试。

在封装测试领域的知名企业有日月光（中国台湾）、安靠（Amkor，美国）、长电科技（中国江苏）、矽品（中国台湾）、力成（中国台湾）、华天科技（中国甘肃）、通富微电（中国江苏）等。其中长电科技、华天科技、通富微电被称作"中国大陆封测三强"。

芯片代工厂商和封装测试厂商都是 CPU 设计厂商的上游供应商，不直接面对消费者，在知名度上比不上 Intel、AMD、高通这样的 CPU 公司。用现在的话讲叫作只做"To B"（Business）业务，不做"To C"（Customer）业务，在产业链的上游"闷声发大财"。

CPU 的成本怎么算？

商业 CPU 的成本是由多方面因素决定的

CPU 成本包含很多方面。建立 CPU 研发团队时需要购买设计工具、仿真平台，研制过程中需要投入人力费用。制造晶片、封装测试都需要给相应的代工厂交服务费。

单纯分析 CPU 的制造成本，由 3 个部分组成：晶片成本、测试成本、封装成本。

- 晶片成本与晶片的面积成正比。CPU 的晶片面积越小，则一个晶圆上能生产越多的晶片。

- 测试成本与 CPU 占用测试平台的时间成正比。CPU 厂商需要制定更少数量的测试集（术语称为"测试向量"）来减少测试时间，但同时还要保证测试集对 CPU 的功能有更高的覆盖度，避免漏检。

- 封装成本与 CPU 引脚个数、封装的材料都有关系。CPU 功耗越高则封装成本也会越高。有的高端芯片的封装成本甚至超过晶片成本。

CPU 成本与成品率成反比。成品率是指 CPU 制造完成、去除残次品后剩下的良好芯片的比例。任何制造过程都有一定概率产生缺陷，例如硅晶片中混入过多杂质、制造设备由于长年使用而发生偏差、外力作用导致引脚畸变等。

CPU 的最终销售价格也是综合多方面因素的结果。增加 CPU 销售数量可以明显降低成本。销售数量越大，则对于成本中的一次性费用（例如设计费用、人力费用）可以均摊得更薄。所以很多 CPU 都是刚上市时价格较高，随着销售量的增加而逐步降低价格。

芯片销售价格中不可忽视的还有商业因素。一个值得注意的现象是"使用低端 CPU 保护高端 CPU 的市场"。例如，Intel 在服务器方面主推至强系列，在台式计算机方面主推酷睿系列，但是 Intel 还有更低端的赛扬、奔腾系列。赛扬、奔腾系列 CPU 的售价在 300 到 400 元，可以说是"白菜价"，利润非常薄，甚至是不赚钱的。按常理来说，像 Intel 这样的世界级创新企业是不屑于做低利润产品的，他们的真正目的是用低端 CPU 控制市场门槛。任何一个后起的 CPU 厂商如果想要和 Intel 抢市场，想在高端技术上超过 Intel 比登天还难，想靠"杀低价"又很难比赛扬、奔腾系列 CPU 卖得更便宜。Intel 可以说是"两肋"都有保护，可以高枕无忧地维持垄断地位，这样就能任意抬高高端 CPU 的定价，把至强、酷睿系列 CPU 卖得更贵来取得高利润的回报。

第 6 节 怎样省钱做芯片？

根据 MRFR（Market Research Future Report）2017 年数据统计，全球 FPGA 市场以 Altera（2015 年被 Intel 收购）和 Xilinx 两家为主，这两大巨头垄断全球市场份额约 71%；除了两大巨头外，还有两个小巨头——Lattice 和 Microsemi（2018 年被 Microchip 收购），这两家约占到全球市场份额的 16%。

——《FPGA 市场和格局》，2018

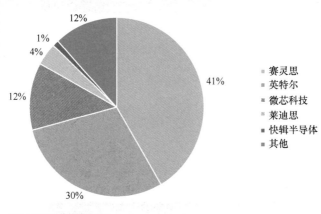

FPGA 成为重要的增量市场

不用流片也可以做 CPU：FPGA

FPGA 是流片之前的最后一道验证工具

CPU 流片需要很大的资金投入，只有商业公司才有足够财力做流片。像 28nm 一次流片需要上千万元。读者在学习 CPU 技术的过程中，亲自动手制作 CPU 的实践过程是非常有必要的，但是如果想让 CPU 运行起来，最好有一种不用流片的省钱方法。

现场可编程逻辑门阵列（Field Programmable Gate Array，FPGA）是能够运行 CPU 的一种替代方案。

FPGA 是一种可以定制功能的电路。"可以定制功能"是指芯片设计者可以把 CPU 的设计代码通过 FPGA 的接口"烧写"到电路中，被烧写后的 FPGA 电路的功能就和 CPU 设计代码完全相同。FPGA 开发板如图 5.11 所示。

图 5.11　FPGA 开发板，可以烧写 Verilog 源代码进行验证

FPGA 最大的优点是只需要一次购买，就可以反复烧写设计代码。设计者用 Verilog 语言描述 CPU 的功能，FPGA 的配套工具可以把 Verilog 设计代码转换成网表文件，网表文件由设计者的计算机传送到 FPGA 中，

FPGA 就可以运行 CPU 的完整功能。

FPGA 是 CPU 设计阶段不可缺少的实验平台，CPU 在流片之前可以用 FPGA 来验证功能。所以专业的 CPU 公司都会大量采购 FPGA。"在 FPGA 上把 CPU 跑通"是 CPU 前端设计达到一个里程碑的重要标志。

市面上很多讲述 CPU 原理的书籍也是以 FPGA 作为运行效果的展示平台。

使用 FPGA 的唯一缺点是速度比真正的芯片慢。FPGA 虽然可以编程，但是其结构决定了实际运行起来的速度远远低于真正流片的芯片。像龙芯 3A4000 实际芯片可以达到主频 2.0GHz，但是在 FPGA 上运行龙芯 3A4000 设计代码最高只能运行到主频 50MHz。同样的测试集在 FPGA 上运行的时间要比真实芯片上长 40 倍。所以在 FPGA 上只能运行较小规模的测试集。

使用纯软件的方法做 CPU：模拟器

编写模拟器是掌握 CPU 原理的省钱方法

模拟器（Simulator）是一种软件，用来模拟一种硬件设备的功能。模拟器使用软件来编写 CPU 的硬件单元和运行功能，同样可以实现 CPU 的完整行为。

模拟器的优点是用高层次的软件编程语言来实现 CPU 功能，描述能力比 Verilog 更强，能够在更短的时间内实现。所以模拟器是比 FPGA 开发效率更高的方式。常用的编程语言有 Java、C/C++、Python 等，同样篇幅的编程语言比使用 Verilog 能够描述更丰富的功能。在设计出现问题时，模拟器也比 FPGA 更容易调试和排查错误。

模拟器可以对不同范围的功能进行模拟。有的模拟器专注于 CPU 本身的模拟，还有的模拟器除了模拟 CPU 之外还模拟主板和外设，相当于对一台完整计算机进行模拟，这样的模拟器也称为"虚拟机"（Virtual Machine）。

开源社区上有很多模拟器项目。例如龙芯团队最开始选择使用的开源模拟器 GXemul 可以支持龙芯 2E 的模拟，龙芯团队发表过与 GXemul 相关的论文，但是后来没有再维护。2010 年以后龙芯团队更多地使用 qemu 项目，这个项目不仅可以支持龙芯 2 号、3 号的模拟，还可以模拟 x86、ARM 等 10 多种指令集。龙芯团队目前还在维护 qemu 平台，向上游社区提交了大量针对龙芯的模拟代码。

FPGA 可以称为"软硬结合"的混合方式，其硬件部分还是需要采购的，高端 FPGA 价格不菲。而模拟器则是"用纯软件平台设计硬件"，几乎是没有成本的。读者在学习 CPU 原理的过程中也可以选择使用模拟器进行实验。

第7节 明天的芯片

2020 年 AMD 将利用其优势——Zen 2 架构和 7nm 制造工艺，赶超 Intel。

——苏姿丰，AMD 总裁

2020 年苹果公司推出 A14 处理器，采用 5nm 制造工艺

先进的制造工艺: SOI 和 FinFET

SOI 和 FinFET 使很多人预测的 "CMOS 工艺的极限是 10nm" 落空

CMOS 是用于制造 CPU 的历史最悠久、最成熟的工艺。1963 年，硅谷的仙童半导体公司发表了第一篇关于 CMOS 工艺制程技术的论文，公布了使用 N 沟道和 P 沟道晶体管的第一个互补对称的逻辑门。

CMOS 工艺在沟道宽度低于 22nm 时发生严重的器件性能劣化。由于沟道尺寸减小，栅极下面用于绝缘的氧化层变得极小、极薄，从源极到漏极之间会发生多余的漏电。这样的漏电会增大静态功耗，甚至使晶体管无法正确地导通和截止，用来制造数字电路时会导致进入异常的 "0" "1" 状态，因此生产出来的 CPU 的成品率和可靠性会大幅度降低。

半导体生产厂商不遗余力地解决 CMOS 的不足，改进的方法主要有两种: SOI 和 FinFET，如图 5.12 所示。

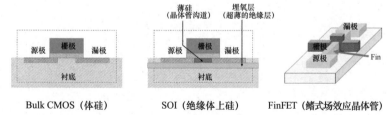

图 5.12 CMOS、SOI、FinFET 的演变

绝缘体上硅（Silicon On Insulator，SOI）增加了两个主要组成部分，在衬底上面制作一个超薄的绝缘层（又称埋氧层），同时用一个非常薄的硅膜制作晶体管沟道。通过这两种改进，埋氧层可以有效地抑制电子从源极流向漏极，从而大幅减少导致性能下降的漏电流。

为了和 SOI 相区别，传统的 CMOS 工艺称为体硅（Bulk CMOS）。SOI 最早于 2000 年发布，2010 年后达到商用成熟，目前主要的半导体代工厂都由 Bulk CMOS 工艺转向 SOI 工艺。

鳍式场效应晶体管（Fin Field Effect Transistor，FinFET）是把栅极改造成 3D 结构，从上、左、右 3 面包围沟道，类似鱼鳍的叉状 3D 架构。这种结构可在电路的两侧控制电路的接通与断开，大幅改善电路性能并减少漏电流，也可以大幅缩短晶体管的沟道宽度。

"后 FinFET 时代"何去何从？

集成电路工艺需要数学、物理、材料多学科支撑

SOI 和 FinFET 都是从工艺的角度延续摩尔定律的典型手段，可以把沟道宽度降低到 10nm 以下。两者的发明人都是胡正明，他曾任台积电 CTO、美国加州大学伯克利分校教授。

进入 2020 年，集成电路工艺发展到 5nm 节点，主流的 SOI 和 FinFET 似乎也将要到达其物理极限。三星公司推出全环绕栅极（Gate-All-Around，GAA）晶体管结构，宣称能够取代 FinFET，Intel 表示在其 5nm 制程中放弃 FinFET 而转向 GAA。"后 FinFET 时代"何去何从？掌握先进制造工艺就是抢占半导体技术的制高点，我辈不能只是作壁上观，更要发奋图强。

CPU 家族篇
经典 CPU 企业和型号

第 1 节 从上古到战国

将来，计算机重量也许不超过 1.5 吨。

——《大众机械》，1949

Intel 4004 宣传画中，把早期计算机的庞大机柜画成了一个个芯片，符合
"A micro-programmable computer on a chip" 的广告语

上古时代：有实无名的 CPU

早期只有计算机厂商，没有独立的 CPU 厂商和操作系统厂商

CPU 的"上古时代"是指 1971 年 Intel 4004 发布之前，CPU 由计算机厂商自己设计使用，而不是作为独立的商品进行销售。

这一阶段的 CPU 没有自己的专属品牌。所有的 CPU 厂商同时也是计算机制造商。

Intel 公司改变了 CPU 的商业模式。Intel 公司是第一个独立的 CPU 厂商，专注于生产 CPU，推出系列的产品型号，持续提升性能，计算机厂商不再需要自己重复做 CPU，只需要从 Intel 购买现成的 CPU 即可。在谈到 CPU 时，人们的说法改为"A 计算机的 CPU 采用 B 公司生产的型号为 XXX 的芯片"。从此以后，CPU 有了自己的身份和地位，独立 CPU 厂商层出不穷。

1971 年可以视为"有独立纪年的 CPU 历史"的开端，CPU 的上古时代结束，世界进入商用处理器时代。

上古时代 CPU 什么样？

早期大型机的一个 CPU 可能要占用一个机柜，甚至一个机房

这里列举早期最有代表性的经典计算机（见图 6.1），一睹 CPU 在历史长河中的演变。

1951 年的 Ferranti Mark 1 是最早用于商业销售的通用电子计算机，由英国曼彻斯特大学制造。这台计算机使用 4050 个电子管制造。其 CPU 主频为 100kHz，包含一个 80 位的累加器，一个 40 位的乘法、指数

运算器，8 个 20 位的寄存器。CPU 的字长为 20 位，主存容量只有 512B！ CPU 支持大约 50 条指令。整个 CPU 占用了两个 5m×2.7m 的机柜，功率为 25kW（即每小时耗电 25kW）。

（a）Ferranti Mark 1（CPU 及终端部分）

（b）DEC 公司的 PDP-1，小巧的"交互式计算机"

（c）CDC 6600 超级计算机

（d）经典的小型机 PDP-11

图 6.1　经典计算机

1959 年 DEC 公司生产的 PDP-1，率先提出"交互式计算机"理念。以往大型计算机非常昂贵、笨重，普通人难以使用。PDP-1 把人机交互的硬件部分设计成一张桌子就可以摆下，包括显示器、键盘、光笔、打印机等。人机交互的部分称为"终端"（Console），已经有现在台式计算机的雏形。计算机的剩余部分仍然需要占用 $2m^2$ 的机柜面积。PDP-1 的 CPU 主频为 5MHz，字长为 18 位，内存容量为 9KB。加法、减法、访存指令的执行时间是 10ms，乘法指令的执行需要 20ms。

1961 年美国制造的 SAGE 计算机是有史以来最大、最重、最昂贵的计算机。采用了 60000 个电子管，每一台计算机占地面积为 2000m²，其中 CPU 的机柜占用 15m×45m 的面积！CPU 包含 4 个寄存器，字长为 32 位，每秒执行 75000 条指令。SAGE 计算机集中了美国大量有实力的计算机企业和研究机构的生产资源，制造价格达到 120 亿美元，用于美国国土上的航空监测和雷达信号处理，一直运行到 1983 年才退役。

1964 年美国的"超级计算机之父"西摩·克雷（Seymour Cray）设计了 CDC 6600，这是第一台商用的超级计算机。CDC 6600 的 CPU 是最早采用精简指令集概念（RISC）的 CPU，尽管这个术语要在很多年后才正式提出。CDC 6600 内存容量约为 65kB，字长为 60 位。著名的 Pascal 语言就是在 CDC 6600 上开发的。CDC 6600 的创造者西摩·克雷也是一系列"Cray"超级计算机的设计者，例如 1976 年发布的 Cray-1 是当时速度最快的计算机，这台计算机的 CPU 为 64 位，主频为 80MHz，支持向量指令（即每一个指令同期内同时计算多组操作数），支持 1MB 内存。Cray 公司现在还在生产超级计算机，经常登上世界最快计算机榜首。Cray 公司在 2012 年发布的 Titan 超级计算机一度成为当时最快的系统，直至 2013 年被中国的天河 2 号取代。

1970 年 DEC 公司生产的 PDP-11 是商业上极为成功的计算机，直到 1990 年还在市场上销售，全球累计销量超过 60 万台，现在很多计算中心都还在使用 PDP-11。PDP-11 属于 16 位小型机，每台售价只有 20000 美元，机柜占地面积不到 2m²。PDP-11 的 CPU 字长为 16 位，有 6 个通用寄存器，指令运行时间为 0.8ms，主存容量最大 56KB。PDP-11 的成功还在于它是第一个运行 UNIX 操作系统的计算机。在进入 PC 时代之前，PDP-11 是销量最大的计算机。1977 年 DEC 公司推出 32 位元的后续扩充机型 VAX-11，但是已经无法跟上 PC 时代浪潮，DEC 公司生产的计算机的霸主地位被 IBM PC、苹果计算机与 Sun 公司的工作站计算机等取代。

战国时代：百花齐放的商用 CPU 厂商

20 世纪 70 年代微处理器"老四强"：Intel 8080、MOS 6502、Motorola MC6800、Zilog Z80

1970 年到 2000 年是很多家 CPU 厂商并存的年代。个人计算机、家庭娱乐设备、工业控制领域都对 CPU 提出大量市场需求。这些领域使用的 CPU 大多是使用集成电路技术实现的微处理器，虽然没有大型计算机上的 CPU 性能强悍，但是不乏设计精品。

Intel 和 AMD 是其中的佼佼者，如图 6.2 所示。

图 6.2　Intel 和 AMD 两家企业均分台式计算机和服务器 CPU 市场

Intel 公司无疑是微处理器厂商的领军企业。这家 1968 年成立于美国硅谷的公司，是摩尔定律、Tick-Tock 模型的提出者。Intel 8080 是最早普及的 8 位个人计算机 CPU。Intel 公司经历了多年风雨仍然屹立不倒，不断为台式计算机、服务器 CPU 树立标杆，仍然在续写微处理器的发展史。

美国超威半导体公司（Advanced Micro Devices，AMD）于 1969 年组建，创建人是仙童半导体的 8 位员工。AMD 公司早期长年对 Intel 的 8080/8086/8088/80286/80386/80486 进行仿制，直到 1995 年开始独立设计 K5 处理器，至今是 Intel 公司的强力竞争者。

"战国时代"还有很多 CPU 公司曾经拥有一时辉煌，但是无奈都已经先后终结，很多经典 CPU 只能在博物馆里供后人凭吊，如图 6.3 和图 6.4 所示。

Intel 8080　　　MOS 6502　　　Motorola MC6800　　　Zilog Z80

图 6.3　20 世纪 70 年代，个人计算机中最流行的 4 款 8 位微处理器

Cyrix 6x86　　　Alpha 21264　　Sun UltraSPARC T2　　MIPS R4000

图 6.4　20 世纪 80 年代到 90 年代，CPU 的百花齐放年代

● MOS 公司于 1974 年推出的 8 位处理器 6502 堪称传奇产品。苹果公司最早的个人计算机 Apple I、Apple II、Apple III 都使用 6502 处理器（传说第一台苹果计算机使用的 6502 处理器是史蒂夫·乔布斯亲自开车买回来的）。另外历史上销量最高的个人计算机 Commodore 64 也是使用 6502 处理器。还有 20 世纪 80 年代的很多家庭游戏机，例如任天堂 FC、小霸王学习机、中华学习机，都采用 6502 处理器。1994 年笔者在使用 6502 处理器的学习机上学习了 BASIC 编程语言和五笔字型输入法，完成了计算机的启蒙。

● Zilog 公司于 1976 年推出 8 位处理器 Z80，在兼容 Intel 8080 的基础上扩展了 80 多条指令，主频、性能都得到大幅度提升。Z80 可以把 CPU、内存、主要 I/O 电路做到一块电路板上，是 20 世纪 80 年代应用非常广泛的工业"单板机"，也是个人计算机使用较多的 CPU。

Motorola 公司曾经是微处理器市场的一个重要角色。Motorola 在 1974 年推出的 8 位微处理器 MC6800 开启了著名的 680x 系列，真正的辉煌由 1979 年推出的 MC68000 奠定。这是一款 16 位处理器，在苹果 Macintosh、Amiga、Atari、Commodore 等型号的早期个人计算机中广泛使用。68000 架构的使用延续到 20 世纪 90 年代后期涌现的手持终端、掌上电脑，Motorola 的"龙珠"系列处理器在很多早期的"个人数字助理"PDA（例如 Palm）上使用，但后来大部分被 ARM 公司的处理器取代。

Cyrix 公司于 1988 年成立，制造兼容 Intel 80486 的低价格 CPU，但是性能很高。20 世纪 90 年代，Intel、AMD、Cyrix 在台式计算机 CPU 市场上三足鼎立，甚至有段时间 Cyrix 和 AMD 的销量超过了 Intel。后期 Cyrix 公司在技术上逐渐落后，1999 年被中国台湾的威盛电子（VIA Technologies）收购。之后衍生出 VIA C3/C5/C7、Nano 系列处理器，主要针对低功耗、低成本的 CPU 市场。笔者在大学一年级时使用奖学金购买的第一台计算机使用的就是 Cyrix 5x86 处理器。

DEC 公司于 1957 年成立，在 20 世纪 90 年代开发的 Alpha 处理器是技术上的"奇葩"，这是当时 RISC 阵营中性能最高的处理器。1995 年开发了 Alpha 21164 芯片，1998 年开发了 Alpha 21264 芯片，得益于 DEC 公司深厚的设计功力，这两款芯片都以不太高的工艺达到非常高的主频。先进的同时多线程（SMT）技术也是在 Alpha 处理器上率先实现的。1998 年 DEC 公司被康柏公司（Compaq）收购，随后终止了 CPU 研发业务，Alpha 处理器就此失去一脉传承。

Sun 公司和 TI 公司于 1987 年合作开发了 32 位 RISC 微处理器——SPARC，主频为 16MHz，用于高端图形工作站。1995 年推出

64 位 UltraSPARC，在高端服务器市场中占据很大份额，一直到
2009 年 Sun 公司被 Oracle 收购后才逐渐退出市场。现在流行的
Java 语言最早就是在 SPARC 服务器上开发的。

● MIPS 公司。MIPS 公司的 CPU 也在服务器、工作站、嵌入式、
甚至游戏娱乐中广泛使用。MIPS 体系结构一直是国外计算机专业
教学的示范平台，既包含了先进的原理技术，又保持了开放性。

经过 Intel 公司横扫的 CPU 市场逐渐收敛，目前还在活跃的主要是 ARM
和 Power，如图 6.5 所示。

图 6.5　ARM 和 Power 仍在各自领域顽强地领跑

● ARM 公司的 CPU 始于 20 世纪 90 年代，在嵌入式、微控制器、
物联网、移动计算方面异军突起。ARM 公司建立起自成一体的独
立生态，是唯一能够和 x86 平起平坐的"第二套生态"。

● IBM 公司的 Power 系列 CPU 主要用在大型机、服务器上，后来
衍生出的 PowerPC 系列用于台式计算机、嵌入式应用，在自己的
地盘上据守一方。

回首 CPU 之路，写满无尽沧桑。计算机从业者可以常读兴衰史，以古鉴
今。读者可以在"网页里的电脑博物馆"这个网站上找到很多经典计算
机的资料，有的计算机还提供了仿真运行环境，可以用来体验几十年前
的计算机是什么样子的。

巨头寻踪

1980 年，Acron（ARM 公司的前身）制造的 BBC Micro 个人计算机获得了巨大的成功，卖了 150 万台。比尔·盖茨上门向 Acron 兜售自己的 MS DOS 操作系统，遭到了无情的嘲讽："连网络功能都没有算什么操作系统！"盖茨最后把这个 DOS 卖给了 IBM。

——《ARM 传奇》，2020

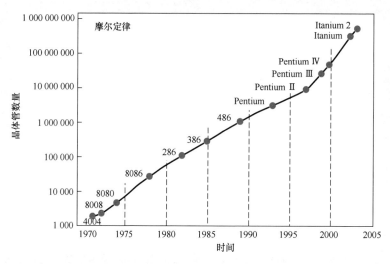

Intel 早期 CPU 的晶体管数量，完美诠释摩尔定律

大一统时代：Intel 的发家史

Intel 是做生态强于做技术的范例

Intel 公司的 CPU 统称"x86"系列，包括 8080/8086/80286/80386/80486、奔腾（Pentium）、赛扬（Celeron）、至强（Xeon）、酷睿（Core）、凌动（Atom）等产品系列（见图 6.6）。Intel 所有产品型号加起来有几千种，采用相兼容的指令集，都能够运行 DOS、Windows、Linux 等操作系统。

图 6.6　Intel 产品系列

1970 年至 1990 年是早期个人计算机发展的黄金时期，在 8 位机时代就有 4 家公司的 CPU 大展风采（Intel 8080、MOS 6502、Zilog Z80、Motorola MC6800），Intel 并没有一枝独秀。例如苹果计算机最早使用 8 位的 MOS 6502，20 世纪 80 年代转为使用 16 位的 Motorola MC68000，20 世纪 90 年代使用 32 位的 PowerPC，直到 2003 年才改为使用 Intel 处理器。

1990 年后绝大多数个人计算机使用"x86+Windows"的组合，其他非 x86 系列 CPU 淡出舞台；"Wintel 联盟"日见坐大，现在绝大多数的桌面计算机使用 x86 系列。

Intel 的成功之道不仅在于技术，Intel 的 CPU 性能与同时代的竞争者相比并没有明显优势，在 CPU 史上作为性能标杆的 CPU 很少出自 Intel。

Intel 成功的真正原因是选择了正确的生态建设模式，在 CPU 指令集、计算机整机、操作系统这 3 个层面坚持了向下兼容和标准化。

- x86 指令集严格遵守"向下兼容"原则，新的 CPU 只允许增加指令，不允许删除或改变原有指令。

- IBM 对 PC 整机定义了标准规范，任何计算机厂商都可以使用 x86 制造计算机，这个开放的生态阵营最有生命力，厂商群体越来越庞大，不同品牌的计算机里面使用的都是 x86 的 CPU。

- Windows 对应用程序保持向下兼容。Windows 向应用程序提供的编程接口称为 Win32 API，包含了 Windows 内核中的系统调用规范，多年不变。

"开放"和"兼容"是 x86 生态的两个法宝，用户选择了 x86 就能够拥有越来越多的应用程序，而应用程序正是生态中最有价值的资源。30 年前的 Windows 应用程序在现在的 x86 计算机上仍然能运行。用户依赖于应用程序，间接地依赖于能够长期运行这些应用程序的 Windows 和 x86。

违背"开放"和"兼容"理念的做法都无法持久。Intel 也曾经尝试制造 x86 之外的 CPU，例如和 x86 不兼容的 IA64 架构，由于无法运行 Windows 应用程序而被用户抵制。笔者在求学时期曾经在 Intel 实习过，所做的工作是 IA64 架构上的 Java 虚拟机研究，现在这个团队也早已解散。即使以 Intel 这种"大一统"的"江湖盟主"身份，一旦违背生态建设的规律也会碰壁。

AMD 拿什么和 Intel 抗衡?

AMD 以 "技术领跑" 和 "质优价廉" 与 Intel 正面竞争

AMD 从最开始就选择了紧跟 Intel, 融入 x86 生态, 经历了从 "仿制 80x86 系列" 到 "独立设计 x86 兼容处理器" 的过程。AMD 独立研发 CPU 的历史始于 1995 年, 这一年 AMD 发布 K5 处理器, 与 Intel Pentium 正面竞争。

AMD 也有和 Intel 抗衡的两大法宝——"技术领跑" 和 "质优价廉"。

AMD 多次在技术上超过 Intel 的同时代产品。1999 年 AMD 的 Athlon 处理器先于 Intel 突破 1GHz 主频, 改变了 AMD 在世人心中的 "Intel 代工厂" 形象 (见图 6.7); 2003 年 AMD 比 Intel 更早推出 64 位处理器 Athlon 64; 2005 年 AMD 率先推出 "真双核" 处理器 Athlon 64 X2, 比 Intel 用两个晶片封装在一起的 Pentium D 更能节省功耗。

图 6.7　AMD Athlon 在世纪之交突破 1GHz 主频

AMD 的价格一般是 Intel 同级别产品的 2/3。AMD 的配套桥片、主板往往也比 Intel 更便宜。计算机整机厂商使用 AMD 处理器能够有更大的利润空间。

2005 年是 AMD 的巅峰时刻, 当年 AMD 市场份额达到 50%, 几乎与

Intel 平分秋色。

Intel 当然不甘于被人挤掉"盟主地位"，努力发起反击。2005 年之后，Intel 在 Tick-Tock 路线的拉动下明显胜过 AMD，酷睿 2 代横扫高端桌面，而 AMD 一直未能再拿出有力型号。AMD 的市场份额持续走低，2017 年达到史上最低的 20% 以下。

大多数人本来以为 AMD 从此要远离市场中心，但它再次迎来了逆转的机遇。Intel 从 14nm 到 10nm 的工艺升级多次遇到问题，AMD 利用手中独立半导体工厂 GF 的优势，在工艺上再次领跑。2019 年 AMD 推出 7nm 的 Zen2 架构，而 Intel 的主要市场型号还停留在 14nm。2020 年第一季度，AMD 的市场份额重新回升到 40%。

Intel 与 AMD 的竞争贯穿了 CPU 发展史。Intel 是公认的伟大公司，而 AMD 更像是可敬的斗士。Intel 产品发展最快的时候，往往是被 AMD 逼得最紧迫的时候。虽然 AMD 难以摆脱"江湖第二"的追随者命运，AMD 的市值体量仅有 Intel 的 1/10，但 AMD 的存在明显促进 Intel 的更快发展，给一个良好生态创造有益的竞争压力。

第二套生态：ARM 崛起

ARM 赶上移动计算新市场，建立起独立于 x86 芯片的一套新生态体系

ARM 属于"自主研发"的榜样。ARM 始于 1978 年在英国剑桥成立的 Acorn 公司，其在 1990 年改组为 ARM 公司。Acorn 公司制造电子设备时，认为当时流行的 16 位处理器 Motoroloa 68000 太贵也太慢，而

Intel 拒绝向这个小公司授权 80286 的设计资料，于是 Acorn 公司的工程师在没有选择的情况下，自己开发了 RISC 指令集的 32 位 ARM 处理器。

ARM 最开始的定位是低功耗、精简架构的低端处理器，适用于嵌入式、微控制器、物联网、手持设备等。2000 年以后，个人数字助理（PDA）、智能手机、平板电脑的发展把 ARM 推向巅峰。

ARM 建立了和 x86 平起平坐的"第二套生态"。搭配 ARM 处理器的操作系统有 Linux、Android、苹果 iOS、Windows Phone，以及众多的实时嵌入式操作系统，甚至微软的 Windows 都推出过适配 ARM 处理器的版本。

ARM 建设生态的成功法宝之一是"比 Intel 更开放"，ARM 的业务模式和庞大生态如图 6.8 所示。ARM 很早就退出芯片制造业务，而是把指令集和 IP 核"授权"给其他公司来制造芯片，授权的费用门槛很低，ARM 芯片遍地开花。Intel 的对手不是 ARM 一家公司，而是所有制造 ARM 兼容芯片的半导体公司。ARM 公司自己不制造任何芯片，而是在下游半导体公司卖出的每一片芯片上收取授权费。

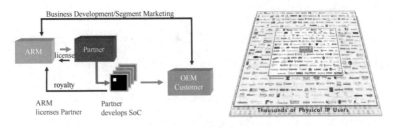

图 6.8　ARM 的业务模式和庞大生态

ARM 建设生态的成功法宝之二是"在适当的历史转折点推陈出新"。ARM 处理器推出的年代，其他老牌 CPU 厂商都还在台式计算机和服务器市场上拼性能，CPU 越来越大、越来越复杂。即使是 Intel 也没有预见到"小 CPU"会延伸到世界每一个角落。ARM 避免了从一开始就与 Intel 正面竞争。等到 Intel、AMD、Motorola 这些厂商终于意识到移动 CPU 时代来临时，已经错失市场先机，老牌的 CPU 公司"船大难调头"，传统的指令系统、处理器架构、软件生态并不适用于移动 CPU。Intel 在移动 CPU 上砸下重金却以失败告终；反而是 ARM 这种没有历史包袱的新厂商可以轻装上阵，以移动 CPU 为目标定义出最能得到市场欢迎的新处理器。

ARM 一直在向台式计算机和服务器领域进军。台式计算机和服务器厂商迫切希望有在 x86 之后接盘的新生势力，ARM 的服务器 CPU 性能已经不低于 Intel 至强系列，ARM 在云计算、数据中心的前景广阔。

苹果公司的 CPU 硬实力

苹果公司在自己的计算机生态中换芯片

苹果公司首先是一个计算机公司，从苹果计算机诞生的 1976 年到 2010年前后，苹果计算机使用的都是第三方公司的 CPU，经历了"MOS 6502—Motorola MC68000—PowerPC—x86"的曲折历程。

苹果公司自主研发的 A 系列 CPU 最开始只用于智能手机、平板电脑。2010 年推出的 iPhone 4 首次搭载了苹果公司自研的 A4 处理器。

苹果公司的 A 系列处理器都属于 SoC 芯片，集成的 CPU 核兼容 ARM 指令系统，同时搭配图形处理器、运动协处理器、神经计算处理器等外围模块。

苹果手机使用的 CPU 可分为 3 个阶段。

- 使用第三方公司的CPU。iPhone 4之前的手机使用高通、三星的芯片。

- 使用 ARM 公版设计制造芯片。A4、A5 处理器均为基于 ARM 授权的公版 IP 核进行少量定制后生产的芯片。

- 自研处理器核。苹果公司对其他 CPU 厂商的产品在性能、功耗方面的表现不满意，于是重新召集人马自己做 CPU 设计。2016 年推出的 A6 芯片抛弃 ARM 公版，转而采用苹果公司自行设计的"Swift 微架构"。从此，A 系列芯片均为苹果公司自行设计处理器核。

苹果公司的 CPU 团队并不是从零开始打造的，而是吸收了 DEC、Intel、ARM、AMD、MIPS 等著名公司的灵魂人物，在苹果公司的重金支撑下才做出强悍产品。

苹果公司在移动处理器方面的实力可以称得上是世界第一位。2020 年推出的 A14 是世界上性能最高的 ARM 处理器，是业界首款 5nm 制程芯片，封装 118 亿个晶体管，集成 6 核 CPU、4 核 GPU、16 核神经网络引擎。A14 的性能与 Intel、AMD 的台式计算机 CPU 相比也毫不逊色。世界上其他的手机 CPU 厂商都在追赶苹果 A 系列的路上，例如高通、三星、华为海思、联发科等。

苹果公司于 2020 年 11 月开始销售搭载 ARM 处理器的台式计算机、笔

记本计算机。这标志着苹果计算机在使用 x86 处理器 17 年后再次换
"芯"，转入 ARM 生态。

百年巨人：IBM 的 Power 处理器

IBM 仍然掌握着世界上最强的服务器 CPU 技术

IBM 是现今世界著名半导体公司中历史最悠久的一家公司，也是全球
最大的信息技术和业务解决方案公司。IBM 创建于 1911 年，20 世纪
40 年代开始制造计算机，20 世纪 60 年代成为世界最大的计算机公司
之一。

CPU 只是 IBM 海量产品中的一小块业务。IBM 研制的 CPU 主要有以
下 4 个系列。

- z 系列处理器：如果说 IBM 是计算机界的巨人，那么 IBM 的 z 系
  列处理器就属于全球处理器界的巨人。这是用在 IBM 大型机上的最
  高端处理器，广泛应用于金融业和关键业务领域。2020 年最新公
  布的 z15 处理器有 12 个物理核心，使用 GF 的 14nm 工艺，核心
  面积高达 696mm^2，集成 122 亿个晶体管，主频为 5.2GHz，缓存
  分为 4 个级别，仅四级缓存就多达 960MB。

- Power 处理器：使用 IBM 开发的一种 RISC 指令集，在超级计算
  机、小型计算机及服务器中使用。Power 处理器前身可以追溯到
  20 世纪 70 年代的 IBM 801 计算机，它是最早的 RISC 计算机之一。
  第一代 Power 处理器诞生于 1990 年，随着 IBM 的 RS/6000 系

列小型机发布。2017 年发布的 Power9，其性能对比 Intel 至强可高达两倍。2020 年最新发布的 Power10，如图 6.9 所示，在性能和 I/O 带宽上都有划时代的提升。龙芯团队研读 Power10 资料来分析 CPU 前沿走向。

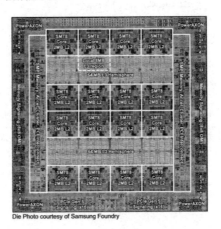

图 6.9　Power 10 续写 IBM 的强悍本性

- PowerPC 处理器：1991 年 IBM、Apple 和 Motorola 共同开发面向台式计算机的 PowerPC 处理器，苹果计算机在 20 世纪 90 年代的经典型号使用的都是 PowerPC。但 PowerPC 相比 Intel 的优势逐渐变弱，2003 年苹果计算机改为和 Intel 合作，PowerPC 在台式计算机的历史终结。目前 PowerPC 主要用在中高端的工业控制、嵌入式领域。

- Cell 处理器：这是 IBM、索尼和东芝于 2001 年联合研发的处理器，希望像其名称"细胞"一样渗透到未来数字生活的方方面面。Cell 的架构是"1+N"的创新模式，一个芯片内集成 1 个 Power4 主核、8 个协处理器（4 个浮点单元、4 个整数单元，寄存器为 128 位 ×128

个），使用一个超高速总线进行互联。可以看到这样一个大体量的 CPU 非常适合于超级计算机，IBM 确实使用 Cell 处理器制造了"走鹃"（Roadrunner）计算机，登上世界最快计算机排行榜的第 2 名。也许是 IBM 觉得 Cell 的理念过于超前，于是在 2009 年终止研发 Cell 处理器，但其很多成功的设计要素被后来的 Power 继承。

Power 处理器是 IBM 的看家处理器，出身高贵，走"高端 + 高价"路线，性能、I/O 带宽、可靠性、可维护性使 Intel 望洋兴叹。虽然近年来 Power 的中低端市场逐渐受到 Intel 至强的侵蚀，但是像金融核心系统等市场还是被 Power 雄踞。

第 3 节 小而坚强

2018 年，ARM 上线了一个嘲讽 RISC-V 的网站，从 5 个方面对 RISC-V 架构进行攻击：成本、生态、碎片化风险、安全性、质量保证。ARM 这种对抗性明显的举措引发了开源社区的不满，ARM 最终关闭了这个网站。

——*Arm Kills its Risc-v FUD Website*, 2018

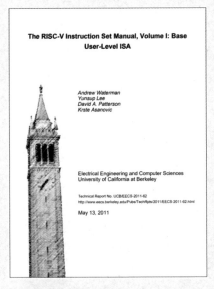

RISC-V 第一份手册（2011 年）

教科书的殿堂：MIPS

每一个 RISC 处理器都有 MIPS 架构的影子

MIPS 公司由斯坦福大学前校长约翰·亨利斯（John Hennessy）的团队于 1984 年创建。MIPS 是 RISC 处理器先锋，曾经创建能与 x86、ARM 相比肩的生态。

MIPS 自始至终都有深厚的学术气息。3 本计算机原理经典教材中有两本的作者都是约翰·亨利斯本人，所以国外计算机专业学生学习 CPU 原理就是以 MIPS 为典范，如图 6.10 所示。MIPS 也是在学术上最开放、在科研领域资料最丰富的 CPU。

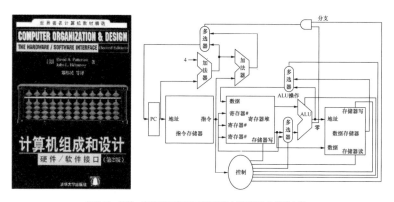

图 6.10　约翰·亨利斯在计算机经典著作中以 MIPS 为教学内容

MIPS 公司在技术上有过硬实力。MIPS 在 1991 年推出的 R4000 实现了 64 位架构，而 Intel、ARM 推出 64 位 CPU 至少在 10 年以后。

在 20 世纪 90 年代，MIPS 曾经一度辉煌，是当时商业上用途最广泛的

RISC 处理器。MIPS 产品线丰富，覆盖高端的服务器、工作站，中端的个人计算机、游戏机、网络交换机，低端的嵌入式、微控制器。

2000 年前后是 MIPS 从辉煌走向没落的转折点。其在服务器、台式计算机方面遭到 x86 严重挤压，在嵌入式、物联网方面没有敌过 ARM 的"第二套生态"。MIPS 没有抓住移动计算的机遇，架构升级缓慢，逐渐失去了特色。MIPS 公司经营不善，几经转卖，现在在市场中的地位已经边缘化。

MIPS 给处理器历史留下了丰厚"遗产"。MIPS 生态的开放性吸引了众多厂商加入。在教育领域，MIPS 对计算机人才的培养功不可没，很多 CPU 从业者学习的第一款处理器都是 MIPS。

RISC-V 能否成为明日之星？

建立在开源理念上的RISC-V处理器得到广泛关注，但是仍然难以克服碎片化的"顽疾"

RISC-V 与 MIPS 师出同门。RISC-V 的领导者之一是大卫·帕特森（David Patterson），他与 MIPS 的创始人约翰·亨利斯合作编写了两本经典计算机教材——《计算机体系结构：量化研究方法》和《计算机组成与设计：硬件 / 软件接口》。

RISC-V 有鲜明的"破旧立新"性质。2010 年，帕特森所在的伯克利大学研究团队要设计一款灵活的 CPU，然而，Intel、ARM 对授权卡得很严，并且带有严格的商业限制。因此，伯克利大学研究团队决定从零开始设计一套全新的指令集。

RISC-V 把"极简主义"在 CPU 设计上发展到极致。全新的设计使
RISC-V 没有任何历史包袱，没有向下兼容的负担。短小精悍的架构和
模块化的哲学使 RISC-V 架构的指令非常简洁。基本的 RISC-V 指令
仅有 40 多条，加上其他的模块化扩展指令总共几十条指令。RISC-V
指令集核心文档只有 238 页，而像 x86、ARM 的指令集都有几百条指
令，文档则都有上千页。

RISC-V 生态基于"自由开放"的理念，基金会成员数量持续增长，如
图 6.11 所示。RISC-V 指令集可以自由使用和扩展，允许任何人设计、
制造和销售 RISC-V 芯片和软件，不需要交纳任何授权费用。可以看到，
RISC-V 的这种开放理念深受开源软件社区的影响，目标是建立一个不
受某个商业 CPU 厂商控制的"全民生态"。

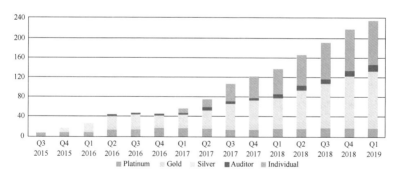

图 6.11　RISC-V 基金会成员数量持续增长

RISC-V 在 CPU 技术中的基础原理创新相对较少。重新设计指令集是
非常简单的工作，RISC-V 的第一版指令集设计也就花了几个月时间。
现代 CPU 的核心原理已经在 2000 年达到成熟，RISC-V 主要是利用

已有技术设计芯片。

RISC-V 面临的最大问题是要在稳固的 CPU 生态格局中取得自己的立足之地。x86、ARM、Power 已经分割了 CPU 世界，分别靠着独门绝技击败昔日的众多竞争者，通过多年的生态建设形成了极高的壁垒。

RISC-V 作为后来者，软件生态只能从零做起，目前主要在低端的嵌入式、物联网领域分一杯羹，在台式计算机、服务器、移动计算领域还没有迈过"零的突破"。2018 年至今，RISC-V 的发展速度明显加快，期待将来能够创造一番新天地。

世界边缘

日本企业为 Intel 公司制造、销售 8086 和 8088 芯片，在辛辛苦苦帮助 x86 架构成为"世界标准"后，Intel 公司却切断了对日本公司的 32 位 CPU 的授权，以便独自享受垄断市场的果实。

—— 《一段被遗忘的历史：日美争夺 CPU 和
操作系统主导权之战》，郑卓然

排名	1990		1995		2000		2006		2014		2015
1	日本电气	4.8	英特尔	13.6	英特尔	29.7	英特尔	31.6	英特尔	51.4	英特尔
2	东芝	4.8	日本电气	12.2	东芝	11.0	三星	19.7	三星	37.8	三星
3	日立	3.9	东芝	10.6	日本电气	10.9	德州仪器	13.7	高通	19.3	高通
4	英特尔	3.7	日立	9.8	三星	10.6	东芝	10.0	海力士半导体	16.7	海力士半导体
5	摩托罗拉	3.0	摩托罗拉	8.6	德州仪器	9.6	意法半导体	9.9	镁光科技	16.3	镁光科技
6	富士通	2.8	三星	8.4	摩托罗拉	7.9	瑞萨科技	8.2	德州仪器	12.2	德州仪器
7	三菱	2.6	德州仪器	7.9	意法半导体	7.9	海力士	7.4	东芝	11.0	恩智浦/飞思卡尔
8	德州仪器	2.5	IBM	5.7	日立	7.4	飞思卡尔	6.1	博通	8.4	博通
9	飞利浦	1.9	三菱	5.1	英飞凌	6.8	恩智浦	5.9	意法半导体	7.4	意法半导体
10	松下	1.8	现代	4.4	飞利浦	6.3	日本电气	5.7	瑞萨科技	7.3	

1990—2015 年世界前十大半导体厂商排名，日本厂商逐渐减少

日本如何失去 CPU 主导权?

生态主导权是靠指令集、专利垄断，芯片制造只是产业下游

美国硅谷企业是世界 CPU 战局的最终胜利者。日本、欧洲、韩国也曾经拥有雄厚的 CPU 研发实力，为 CPU 家族谱写众多支脉。

日本在历史上的 CPU 水平曾经仅次于美国。20 世纪 70 年代是计算机发展的莽荒时期，美国的英特尔（Intel）、MOS、Zilog、摩托罗拉（Motorola）都向日本公司提供授权，日本电气（NEC）、夏普（Sharp）、日立（Hitachi）、理光、富士通、东芝（Toshiba）、三菱（Mitsubishi）都曾经大量制造兼容 CPU。日本公司制造的兼容 CPU 和内存芯片物美价廉，反而成为美国市场的销售主力，美国的本土芯片企业面临巨大的危机。

日本公司犯下的最大错误是只重视做 CPU 产品、忽视生态主导权。做兼容 CPU 只能是美国公司的追随者，始终无法绕开授权障碍。日本公司辛苦地扶持 x86 架构成为"世界标准"后，换来的是 Intel 过河拆桥。1986 年，在 80386 处理器即将上市时，Intel 挥起大棒，上演"断供"的手腕，中止向日本公司提供 32 位 CPU 授权。从此日本公司无法再研制 x86 兼容的处理器，只能从 Intel 购买成品芯片，失去了独立发展 CPU 技术的话语权。

日本生产的计算机也无奈多次"换芯"。NEC PC98 系列计算机是日本普及率很高的"国民计算机"，1982 年初代上市时使用 Intel 8086，随着 NEC 自身 CPU 水平的提高，1985 年改为使用 NEC 设计的 V30。Intel 在 1986 年对 NEC 停止授权后，NEC 只能又回归到购买使用 Intel 的 80286，如图 6.12 所示。

在 x86 路线上受到重挫的日本公司空怀一身技术，开始意识到自研指令

系统的重要性，立下雄心壮志要掌握 CPU 的话语权。实际上 1984 年日本政府、企业、科研机构就联合启动了 TRON 项目，采用和 x86 不兼容的架构，打造日本独立的信息产业体系。

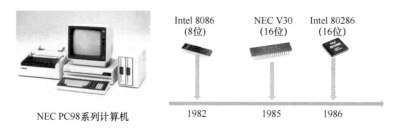

图 6.12　日本 NEC PC98 系列计算机的"换芯"历程

硅谷企业一方面以"不公平贸易"和"盗取知识产权"为幌子进行强硬打压，另一方面以极低的授权条件诱导日本放弃 TRON 项目。TRON 项目在这样的两面攻击下，放弃了与美国企业在 PC 市场正面竞争，只允许在电子、汽车、工业设备等低端嵌入式领域使用。

日本公司还为 CPU 家族补充了其他几种"小众"指令集。Hitachi 设计了 SuperH 架构，Toshiba 设计了 TMPM CISC 架构，HP 公司设计了 PA-RISC 架构。相比之下，日本对 CPU 家族的贡献更多还是在制造方面，上述企业都生产了大量兼容 ARM、MIPS、Power、Cell 的芯片。

生产制造的繁荣依然难掩日本 CPU 产业的落幕。失去生态发展权的教训值得警醒，大国崛起要防止"割韭菜"事件再次上演。

欧洲重振处理器计划

欧盟 EPI 计划制造基于 ARM 或 RISC-V 的超级计算机 CPU

欧洲的 CPU 产业和美国的相比差距明显，不仅没有形成一个像硅谷一样量级的产业、科研、高校聚集区，而且没有看到在 CPU 生态上有大的主动作为。

欧洲半导体企业生产的处理器以嵌入式、微控制器为主。

意法半导体生产 STM8、STM32 两种微控制器，其中 STM8 采用自定义架构，STM32 采用兼容 ARM 架构。

德国西门子公司在 1999 年把半导体部门剥离出来，成立英飞凌（Infineon）科技公司。它是汽车电子领域最为成功的芯片制造商之一，生产的 CPU 产品主要是微控制器，分为 ARM 兼容系列、自研架构 TriCore 系列。

荷兰飞利浦公司于 2006 年成立旗下的恩智浦半导体（NXP Semiconductors），现在生产兼容 ARM、Power 的微控制器。

欧洲于 2018 年提出了旨在振兴 CPU 能力的"欧洲处理器计划"（European Processor Initiative，EPI）。EPI 集结了欧盟 10 个成员国的 27 家研发机构，目标是研制低功耗微处理器和面向超级计算机的 CPU。EPI 准备采用的指令集有两个，分别是 ARM 和 RISC-V。EPI 现在还处于初期阶段，技术水平尚待观望。

韩国的 CPU 身影

三星 CPU 在嵌入式、手机上出货量很大，但缺乏标杆

韩国最大的企业集团三星（Samsung）有长久的 CPU 研发历史。例如，

三星 S3C2410 处理器是最早在中国流行的 ARM 嵌入式处理器。笔者在 2004 年使用 S3C2410 开发了多种智能机器人、消费 POS 机、安全检测设备。

移动处理器是三星的重点产品。苹果 iPhone 手机的第一代、第二代都使用三星的 ARM 处理器。2011 年三星正式推出 Exynost（猎户座）系列处理器，主要应用在智能手机和平板电脑上，其目前仍是具有国际影响力的移动处理器。

韩国主要走与日本类似的兼容制造路线，自主设计 CPU 的能力稍显不足。三星的 ARM 处理器虽然销售量大，但是多数采用 ARM 授权的公版 IP 核，使用三星自己的先进制造工艺（10nm 以下）来生产，在性能、功耗方面缺乏鲜明优势，面对苹果 A 系列、高通、华为海思的竞争力较弱。

韩国 CPU 只能作为世界 CPU 家族中的一员，难以做到一绝。

CPU 生态篇

解密软件生态

生态之重

软件生态是在公共的技术基础设施上，由软件产品与服务及相关涉众者相互作用而形成的复杂系统。软件生态系统中的利益相关者采用数据共享、知识分享、软件产品及服务提供等方式为软件生态系统做贡献。

——*Software Ecosystem: Understanding an Indispensable Technology and Industry*，D. G. Messerschmitt 等，2003

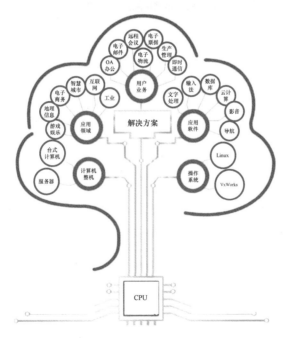

从 CPU 生长出生态大树

CPU 厂商为什么要重视生态?

CPU 是软件生态的起点，CPU 的价值由其上承载的软件生态的价值决定

CPU 生态（Ecology）是围绕某一种 CPU 的全部资源的集合，包括配套软硬件、应用软件、社区、知识库、书籍、开发者、合作厂商、用户等所有上下游产业链。

软件生态（Software Ecology）是指某一种 CPU 能运行的所有软件的集合。软件生态是 CPU 生态中最重要的一方面，在日常交流中也经常称之为应用生态、信息化生态，或者简称为"生态"。

CPU 是软件生态的起点，一种 CPU 承载了一个软件生态。CPU 提供"土壤"，软件生态是根植于 CPU 的"森林"。

CPU 的价值由其上承载的软件生态的价值决定。CPU 本身没有使用价值，一个 CPU 只是元器件，对用户没有任何用处。只有 CPU 加上应用软件才能给用户提供服务。应用软件数量越多，代表软件生态越丰富，则 CPU 能做的事情越多，给用户提供服务的价值越大。

做软件生态的门槛远远高于做 CPU。做 CPU 主要是技术工作，CPU 的基本原理已经在 2000 年前后达到成熟，一个 CPU 公司只要投入足够的人力和时间就能做出产品。

相比之下，做生态是一个群体行为，需要成千上万的厂家齐心合作、多年积累。应用软件的开发成本巨大，大型专业软件的复杂程度不低于 CPU，CPU 厂商不可能自己开发所有的应用软件。

成功的 CPU 厂商都要争取到更多应用厂商支持，核心是打造和应用厂商的"统一战线"，使应用厂商有利可图。这样才能使生态越来越繁荣，也才能提升 CPU 销售量。

做生态最难的是在发展初期，很难打破"应用数量少—用户少—应用厂商不愿意支持—更加没人用"的怪圈。很多 CPU 厂商都是在还没有跳出怪圈的时候就没法再维持下去，能够进入良性正向循环的生态就属于幸运儿了。

放眼全球，能做 CPU 的公司不止百千家，但是敢于做生态的公司屈指可数。

Inside 和 Outside：CPU 公司的两个使命

龙芯中科提出"Inside 和 Outside"模型

龙芯中科长期探索软件生态建设规律，"Inside 和 Outside"是龙芯中科在 2012 年提出的模型，如图 7.1 所示。Inside 是指芯片之内的 CPU 核，这是做芯片最难的看家本事；Outside 是指芯片之外的软件生态，这是体现 CPU 的可用性、放大 CPU 价值的重要支撑。Inside 和 Outside 之间，以芯片作为衔接的载体。

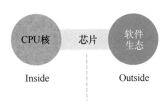

图 7.1 芯片生态的 Inside 和 Outside

成功的 CPU 公司都会在芯片研发团队之外同时建设软件生态研发团队。2013 年，龙芯中科在原有芯片研发团队之外成立系统软件研发团队。系统软件研发团队扛起大旗，专职从事软件生态建设，龙芯进入"左手

CPU，右手软件生态"时代。

生态建设比研制 CPU 需要更长的时间。2020 年，龙芯 CPU "完成性能补课"，性能达到国际主流水平，软件生态初具规模，但是要达到 x86、ARM 的软件生态水平还需要更长时间，这是龙芯下一个发展阶段的课题。

CPU 和应用软件之间的接口

指令集和系统调用是最重要的两个接口

对软件生态中的软件进行分类，最简单的一种方法是可以分为下层的操作系统和上层的应用软件。对最终用户来说，关注的重点是应用软件。CPU 和操作系统是支撑应用软件生态的两个最重要的"底座"。

CPU 和应用软件之间的接口有两种，如图 7.2 所示。

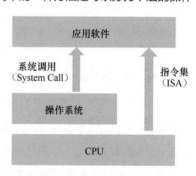

图 7.2　CPU 和应用软件之间的两种接口

- CPU 的指令集（ISA）。指令集规定了软件的二进制编码格式规范，所有运行相同指令集的 CPU 称为"兼容的"。在一个 CPU 上开发的软件只能在与其兼容的 CPU 上运行。

- 操作系统的系统调用（System Call）。系统调用规定了操作系统向应用软件提供的服务接口。

在龙芯 CPU 的台式计算机、服务器生态中，操作系统以 Linux 为主，所以系统调用是 Linux 内核 API。

在龙芯的嵌入式和实时操作系统生态中，可能采用 Linux 之外的其他操作系统，例如如果采用实时操作系统 VxWorks，那么系统调用则是 VxWorks API。

软件生态的典型架构

应用软件接口是软件生态的重要内容

复杂的软件生态是自底向上生长的"多层结构"，如图 7.3 所示。在相邻的两层中，下层软件为上层软件提供支撑服务。

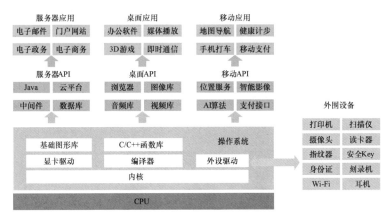

图 7.3　软件生态的典型架构

操作系统位于软件生态的最底层。操作系统负责管理整个计算机的硬件资源，对每一种硬件设备提供软件管理模块，这样的软件管理模块称为"驱动程序"（Driver）。典型的驱动程序有显卡驱动程序、外设驱动程序等。操作系统还提供编译器（Compiler），用于提供基础编程语言环境，这一层中使用最多的编程语言是 C/C++。

应用程序接口（Application Programming Interface，API）提供丰富的编程语言环境、函数库，是软件开发者使用的工具。API 是位于操作系统之上、应用程序之下的单独一层。所有的应用软件都是以程序代码调用 API 开发出来的。

第一种应用编程语言 Fortran 诞生于 1954 年，现在全世界的编程语言加起来至少有上千种，最常用的有 Java、Python、.Net、BASIC、JavaScript、HTML 等。

应用软件位于软件生态的最上层，是最终用户使用的软件。

伴随软件生态的还有一个"外围设备"（Devices）群体，这是用户在使用应用程序处理业务时要调用的硬件。外围设备以某种硬件接口连接到计算机上，在应用程序中进行访问。

在这样一个复杂的软件生态中，CPU 和应用软件生态之间的接口增加到 3 种，都是应用程序得以运行的必要条件，如图 7.4 所示。

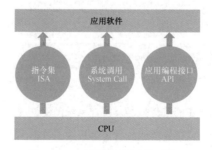

图 7.4　CPU 和应用软件生态之间的 3 种接口

可以列出下面的公式:

$$应用软件接口 = \{ISA, System\ Call, API\}$$

其中, ISA 是 CPU 的指令集, System Call 是操作系统的系统调用, API 是应用程序接口。这 3 种接口都是生态建设的重要内容, 一个良好的生态通过这 3 种接口提供应用开发环境。

开发者的号角

Java 作为开发语言一哥，已经几十年没被人撼动过了。

——《2020 年开发者生态报告》

排名	职位	排名	职位
1	Java开发工程师	11	互联网软件工程师
2	软件工程师	12	互联网产品专员/助理
3	Android开发工程师	13	数据库开发工程师
4	软件测试	14	售前/售后技术支持工程师
5	高级软件工程师	15	三维/3D设计/制作
6	算法工程师	16	系统架构设计师
7	iOS开发工程师	17	CNC/数控工程师
8	Web前端开发	18	PHP开发工程师
9	嵌入式软件开发	19	硬件工程师
10	网络与信息安全工程师	20	IT技术支持/维护工程师

软件开发行业人才缺口

（来源：智联招聘，2019 年）

生态先锋：软件开发者

开发者是为软件生态贡献成果的最主要因素

开发者（Developer）是指软件生态中应用程序的制造者，狭义上指编写代码的程序员，广义上可以指一切参与应用程序制造过程的开发人员或开发厂商。

根据工作层面的不同，有两种类型的软件开发者，如图 7.5 所示。

- 系统软件开发者：应用程序之外的软件开发者，包括操作系统开发者和 API 开发者。系统软件开发者的关注点是使操作系统能在 CPU 上稳定运行，同时向应用程序提供丰富、高效的编程 API。

- 应用软件开发者：应用程序的制造者，工作内容是在服务器或台式计算机上开发应用程序。应用软件开发者的关注点是程序的功能，使其能够最大限度地满足用户需求，同时具有好的人机交互体验。

系统软件开发者
掌握CPU、操作系统原理
人数较少

应用软件开发者
掌握编程语言、用户需求
人数较多

图 7.5　两种类型的软件开发者

两种开发者都是建设软件生态的生力军，是当之无愧的生态先锋。

中国的开发者群体呈现"应用软件发达、系统软件薄弱"的特点。国内的应用软件开发者数量庞大，Java 程序员能有几百万人，中国互联网应用是世界上最发达的。但系统软件开发者相对少得多，例如系统软件开发者加起来也就是万人规模，这其中绝大部分人还是在开源代码基础上改造定制，属于操作系统中的低端工作。API 开发者则极为稀有，从事 C/C++ 编译器、Java 编译器的人员不到千人。

龙芯中科的软件工程师主要是系统软件开发者，围绕龙芯指令集研发 Linux 操作系统发行版，从中又细分出面向不同 API 编程环境的开发小组，例如 Linux 内核、C/C++ 编译器、Java 虚拟机、浏览器、图形库、媒体解码库、虚拟化和云平台等。

龙芯中科也根据生态建设的需求从事应用程序的开发。随着龙芯生态重心从 Inside 转移到 Outside，龙芯中科也主动承担应用程序的开发任务。2015 年，龙芯中科研发了 3D 地球演示模型，证实了在龙芯 3A2000 平台上通过软件优化完全能够实现流畅的 3D 应用，消除了外界流传的"龙芯 CPU 的 3D 应用能力差"的误解。2017 年笔者带领团队启动"龙芯应用公社"的开发，在龙芯计算机上集成了类似于手机上的应用商店，让用户可以方便地查询、下载、安装、升级应用程序。

操作系统是怎样"做"出来的？

中国操作系统公司大多数走基于开源Linux定制发行版的路线

操作系统包括两类：商业操作系统和社区操作系统。商业操作系统是由某个公司开发的，往往不公开源代码，典型的如微软的 Windows、苹果公司的 macOS；社区操作系统是由世界各地的程序员基于互联网合作开发的，往往将源代码公开，典型的如 Linux。

开源操作系统可以作为学习操作系统开发过程的良好范例。

Linux 操作系统通常以"发行版"（Distribution）的形式提供成品。发行版是指 Linux 开发者将互联网上的大量分散的软件源代码汇总到一起，在一个 CPU 平台上进行编译，再按照统一的打包格式进行集成，最后形成一张安装光盘，这样用户通过光盘就可以在计算机上安装了。Linux 发行版的开发过程如图 7.6 所示。

图 7.6　Linux 发行版的开发过程

做发行版的过程技术含量很低，主要是重新编译的体力工作，需要自己写源代码的机会很少。任何人都可以按照上面的方式生产自己的发行版。很多商业公司也会开发 Linux 发行版，通过给用户提供技术咨询、支持、维护的服务方式营利。

Linux 操作系统已经形成了几百种不同的发行版，最常用的有 Fedora、Redhat、Ubuntu、Debian 等。

中国的 Linux 发行版有深度操作系统（Deepin Linux），它自主编写了图形界面部分，接近于苹果计算机 macOS 的美观程度，有"最美 Linux 操作系统"之称。

龙芯中科维护的操作系统发行版是 Loongnix，这是把官方社区发行版的源代码在龙芯计算机上重新编译、针对龙芯 CPU 的特点进行适配和优化的一个版本。龙芯中科建立了开源社区（www.loongnix.cn），提供 Loongnix 的安装光盘镜像和所有源代码的下载。Loongnix 可以在所有龙芯台式计算机、服务器、笔记本计算机上安装，也可以在源代码层面进行二次定制，根据需要进行裁剪，可用在嵌入式设备、网络设备、工业安全设备等领域。

虚拟机：没有 CPU 实体的生态

虚拟机型编程语言代表了应用软件开发者"脱离指令集依赖"的愿望

在编程语言领域中，虚拟机（Virtual Machine）是使用软件编写的一个编程语言运行平台，能够加载应用程序的源代码进行执行。"虚拟"的含义是指虚拟机的行为类似于 CPU 运行指令集，但是虚拟机不像 CPU 一样有硬件实体。

应用程序是使用编程语言开发的，若要在一个 CPU 上运行，需要转换成这个 CPU 的机器指令。根据从源代码到机器指令的转换方式，编程语言分为两种类型：本地编译型、虚拟机型。

- 本地编译型：源代码经过编译（Compile），转换成二进制的 CPU 机器指令序列，即"可执行文件"（Executable File）。应用程序运行时，只需要可执行文件，不再需要源代码。

- 虚拟机型：源代码不需要事先编译，而是直接在一个虚拟机（Virtual Machine）上执行。虚拟机动态地加载源代码，将其转换为当前运行的 CPU 的机器指令，然后就可以运行了。

虚拟机屏蔽了应用程序对 CPU 的依赖。本地编译型编程语言发布的可执行文件需要针对不同 CPU 提供不同的二进制版本，而虚拟机型编程语言发布的只有一份源代码，可以运行在所有 CPU 上，因为虚拟机屏蔽了不同指令集的差异。应用软件开发者在编写源代码时，不用考虑将来其运行在什么 CPU 上。例如 Java 虚拟机使 Java 语言可以"一次编译，多处运行"，如图 7.7 所示。

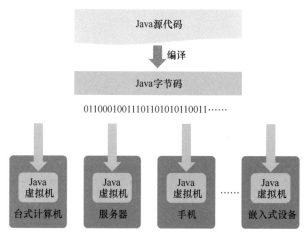

图 7.7　Java 虚拟机使 Java 语言可以"一次编译，多处运行"

虚拟机型编程语言的数量远远超过本地编译型。本地编译型的典型编程语言有汇编语言、C/C++、Fortran、Pascal 等，都属于 20 世纪 80 年代以前诞生的传统语言；20 世纪 90 年代以后诞生的新语言大部分为虚拟机型编程语言，例如 Java、.Net、JavaScript、Python、PHP、Shell 脚本等。还有一些语言属于"混合类型"，既支持本地编译，又能以源代码方式在虚拟机上执行，例如 Google 在 2009 年发布的 Go 语言。

基于虚拟机，计算机开发人员可以脱离 CPU 建立独立的生态。这个生态属于虚拟机，而不属于某个 CPU。在服务器 API 中，最成功的虚拟机生态是 Java，占据 90% 以上的市场份额。在桌面 API 中，使用量最大的是 JavaScript 虚拟机，其在每一台计算机的浏览器中都是不可缺少的。在移动计算 API 中，最普及的是 Android 虚拟机，它是人们使用的 Android 手机、平板电脑的基础平台。

第 3 节 解决方案如何为王

智能手机产业总收益的一半都进入了苹果公司的口袋。

——*Global Smartphone Wholesale Revenues*, Strategy Analytics，2018

一流企业做标准

二流企业做品牌

三流企业做产品

企业对解决方案的把控能力决定其市场地位

生态的话语权：解决方案为王

企业对解决方案的把控能力决定其所获得的利润

解决方案（Solution）是针对一种应用需求提出的整体的软硬件平台。CPU 在应用场景中使用时，需要加上主板、操作系统、外围设备、应用软件才能共同构成解决方案。一个解决方案做好以后，可以在同类的应用场景中重复使用。

IT 产业本质上是"解决方案为王"的产业。解决方案企业掌握着生态的话语权。

解决方案的研发难度高于 CPU 元器件本身。解决方案蕴含了对于应用需求的精准理解，同时要满足功能丰富、成本低廉、性能先进、灵活定制等多方面的要求，任何一个厂商都很难在短时间内在各方面全部达到优秀，而必须在实际应用中不断地磨合改进。这需要很大的人力、资金、时间投入。

"解决方案为王"的含义是指企业对解决方案的把控能力决定其所获得的利润。拥有优秀解决方案的企业一旦占领市场，就可以领跑生态、成为市场引领者，掌握定价主导权。市场规律表明，某个解决方案的门槛越高，拥有该解决方案的企业就可以站在产业链的高端，在整个产业链中享有越高的利润。而没有核心解决方案、只会制造产品的厂商只能站在产业链的低端，很容易陷入和其他厂商的同质竞争，导致利润越来越低。

CPU 生态实际上就是一个 CPU 能够提供的解决方案的总和。解决方案的"王"同时也掌握了 CPU 生态的话语权。CPU 企业不仅要掌握处理器技术，更重要的是要掌握生态话语权。

计算机 CPU 赚钱，手机 CPU 不赚钱？

计算机的CPU设计难度远远高于手机CPU

"解决方案为王"有一个事实例子：计算机领域 CPU 企业比整机企业赚钱，而手机领域整机企业比 CPU 企业赚钱，如图 7.8 所示。

- 计算机领域。2019 年，世界最大的计算机 CPU 企业——Intel 销售收入 720 亿美元，净利润 210 亿美元。世界最大的计算机整机企业——联想公司销售收入 510 亿美元，净利润 5.97 亿美元。CPU 企业的利润率是整机企业的 25 倍。

- 手机领域。2019 年，苹果一家占据了全球智能手机行业 66% 的利润和 32% 的手机销售总收入。三星排在全球智能手机行业利润榜的第二位，占整个手机行业利润的 17%。华为手机利润率排在第三位，约占 10%。在手机 CPU 企业方面，紫光展锐是国内第二大芯片设计企业，生产 CPU 芯片卖给手机企业，而利润率低于 3%。

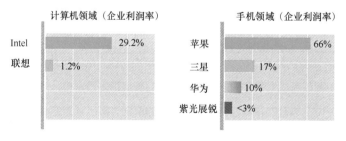

图 7.8　计算机领域里做 CPU 赚钱，手机领域里做 CPU 不赚钱

造成这一事实的原因是，计算机的 CPU 设计难度远远高于手机 CPU。计算机 CPU 市场被 Intel 等极少数厂商垄断，Intel 是计算机解决方案的设计者——Intel 不仅做 CPU，还做计算机主板设计。联想公司在最核心技术的 CPU、主板上不提供太多原创设计贡献，只需要拿到 Intel 的计算机设计资料进行生产即可。而与联想公司竞争的企业还有 HP、Dell、曙光、浪潮等一大批计算机厂商，所以 Intel 能拿走整个产业链中的最高额利润。

而手机 CPU 的设计难度很低。任何厂商都可以拿到 ARM 授权的公版设计资料生产芯片，世界上能做 ARM 芯片的有几百家企业。手机的设计则有较高难度，既要美观漂亮，又要操作系统流畅，还要待机时间长。世界上能做"好手机"的知名厂商不到 10 家，这其中苹果手机的研发投入最大，在整体质量上能保持先进，解决方案也比 Android 手机更优秀。所以在手机领域，苹果手机利润率最高，三星、华为做 Android 手机的利润率就要低一些，做手机 CPU 的厂商则几乎无利润可言。

中国 IT 产业的根本出路：建自己的生态体系

表面上来看做芯片是最重要的事情，而长远来看真正最重要的事情是建立新的生态体系

中国 IT 企业的普遍情况是制造业发达、解决方案落后、利润率低。华为属于中国创新能力最强的一线厂商，干的事情最多最辛苦，做了思科的事情，做了惠普的事情，做了 Google 的事情，做了苹果的事情，还准备要做 Intel 的事情，而利润都不如苹果的零头。紫光展锐每年的手机芯

片出货量不比 Intel 计算机芯片少，但利润空间很小。

归根结底是因为中国企业没有解决方案的话语权，没有建立自己的生态体系。计算机的解决方案是 Intel、微软说了算，联想说了不算；手机的解决方案是苹果、Google 和 ARM 说了算，华为说了不算。

产业链存在剥削现象，一个产业链最终的价值是消费者给的，而产业链内部的利益分成则主要是由生态主导者定的。产业链企业怎么分钱，不是干得多就分得多，也不是做芯片的必然分得多，而是"地主"分得多——"地主"就是控制解决方案、控制产业生态的那个企业。

对于中国的 CPU 企业，表面上来看做芯片是最重要的事情，而长远来看真正最重要的事情是建立新的生态体系。在现有的 x86、ARM 体系中做CPU 只能成为追随者，即使 CPU 做得好也不可能夺得话语权，x86、ARM 不可能任由中国 CPU 企业挑战其地位，在其地位受到威胁时就会运用"知识产权""贸易公平"等借口来实施压制。

中国 IT 产业的根本出路就在于要建自己的产业体系，探索基于自己的指令集、建立独立软件生态的道路。

第

4 节 生态的优点

Windows 10 是有史以来兼容性最高的操作系统。在受检测评估的 4.1 万
款软件中，最终仅仅 49 款软件与 Windows 10 存在兼容性问题。换言之，
Windows 10 的软件兼容性已达 99.9%，只有区区 0.1% 还不兼容。

——*Helping Customers Shift to a Modern Desktop*，施洋（Jared Spataro），

Microsoft 365 副总裁，2018

IBM PC 生态在开放和兼容之间达到最优平衡，40 年前的软件还能运行
在现在的计算机上

优秀生态的 3 个原则：开放、兼容、优化

开放壮大力量，兼容积累成果，优化提升体验

纵观所有保持长期良性持续发展的生态，开放、兼容、优化是 3 个基本原则。

- 开放：生态链中的企业数量众多，都能公开平等地合作。只要企业有意愿、有技术实力，就能够参与到生态链中发挥贡献、获得利益。开放的生态能够壮大力量，永久保持创新活力，防止少量企业垄断生态而阻碍发展。

- 兼容：生态链中的企业制定好合作规则，每个企业提供的产品都能和其他企业的产品配合工作。兼容的理念可以使所有企业方便地融入生态，形成合力，最大化地减少冲突、节省合作成本。兼容的规则通过企业间的一系列标准规范来约束。

- 优化：生态链中的企业联合优化整体解决方案，每个企业根据其他企业的产品特点来提升产品的品质、性能。优化的理念是在同样的软硬件成本前提下挖掘解决方案的内在潜力，提高用户体验和运行效率。

这 3 个原则在优秀的生态中都能得到印证。

优秀生态的范例：Windows-Intel、Android-ARM、苹果

即使在硅谷，成功的生态企业也是极少数

硅谷企业在生态建设方面经验丰富，提供了可参考的优秀范例，如

图 7.9 所示。

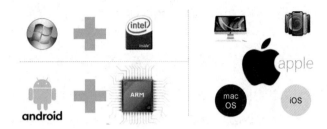

图 7.9　Windows–Intel、Android–ARM、苹果

- 兼容性至上的 Windows-Intel 体系。Intel 的 x86 指令集几十年保持向下兼容，今天的 x86 计算机仍然可以运行 40 年前的应用程序。Windows 的系统调用（System Call）从 20 世纪 90 年代开始就走兼容发展路线。IBM 和 Intel 联合制定台式计算机的硬件规范，所有 x86 整机厂商的主板都要遵守相同设计规则，一张 Windows 光盘可以在所有 x86 计算机上安装，20 年前的 Windows XP 在今天最新的整机上还能安装，这是了不得的功夫。

- 开放的 Android-ARM 体系。ARM 向全球半导体企业提供芯片授权，Android 操作系统免费开放所有源代码。ARM、Android 向生态输出了巨大的价值，任何手机厂商都能够使用 Android 和 ARM 制造手机。全球智能手机市场中 Android-ARM 组合占 87%，远远超过封闭单一的苹果手机。

- 优化到像素级的苹果生态。苹果公司有一流的硬件、软件联合优化能力，苹果计算机的操作系统既是技术精品，又是艺术精品。苹果公司善于利用中等性能的 CPU 制造出用户体验一流的计算机、手机。苹果公司还会根据自己产品的需要，要求其他供应商提供优化定制的处理器、显卡等元器件。苹果操作系统的设计理念是"对每一个应用、每一个功能、每一个像素进行优化",这样才使得苹果计算机、手机成为界面设计的业界标杆。

"他山之石,可以攻玉",中国 IT 企业在生态建设的实践中已经逐渐摸清规律,即将进入快速发展的正轨。

松散型的生态:Linux

Linux 在台式计算机市场占有率几乎为 0,在服务器市场占有率仅 10%

Linux 是松散型生态的代表。Linux 的优点是坚持开放性,但在兼容、优化方面缺乏建树。

在开放性方面,Linux 是最成功的开源软件,是普及率最高的开源操作系统。Linux 起源于 20 世纪 90 年代,是互联网社区开发的操作系统,所有开发者都可以下载源代码、加以改进、提交贡献。2019 年,Linux 内核社区提交的代码超过 74000 次,作者是来自全球各地的 4189 名程序员,累计增加了 300 万行代码。这个规模与微软 Windows 内核的工程师规模不相上下。

Linux 得到 Intel、AMD、IBM、Redhat、华为等知名企业的重点支持,在全球服务器操作系统市场中取得了显著份额。Android 操作系统的内核也是基于 Linux 的,在嵌入式、微控制器领域也是以 Linux 为首选操作系统。

在兼容性方面，Linux 呈现出严重的标准缺失、碎片化现象。Linux 的社区没有像 Intel、Windows 一样重视标准化。Linux 的内核版本升级频繁，不同版本的内核系统调用经常发生变化，而且不坚持向下兼容，新版本经常"不支持"老的系统调用，或者擅自改变系统调用的功能、参数。

Linux 的应用程序接口（API）不兼容现象严重。Linux 上的编程语言都来自开源项目，项目负责人很少有坚持向下兼容的作为，同一编程语言的编译器升级时经常任意修改语法规则，或者在函数库中删除原有的函数。

Linux 的发行版之间也存在严重的不兼容现象。全球有几百种 Linux 发行版，这些发行版会任意选用内核版本，也都会根据自己的需要开发应用软件的打包格式、安装工具。Linux 社区从来没有统一制定应用软件打包格式的规范，每一家发行版都随性地制定一种格式。

应用软件开发者在一种 Linux 发行版上编写好的代码，在另一种 Linux 发行版上有可能无法正常运行。甚至有时候一种 Linux 发行版本身升级时，都会造成原来的应用程序无法正常运行。应用软件开发者需要重新修改源代码、编译、打包、测试。这种重复性工作将对应用软件开发者的宝贵时间造成浪费。

Linux 在优化方面也明显乏力。Linux 社区缺乏像苹果公司这样高度重视优化用户体验的专业团队，Linux 的桌面操作系统和应用软件的界面设计相对滞后。Linux 已经发展 30 年，在台式计算机市场占据的市场份额仅为 1.29%，如图 7.10 所示。Android 操作系统是 Google 公司自己把 Linux 的图形界面推倒重来、完全重写，才满足了手机、平板电脑的体验需求。

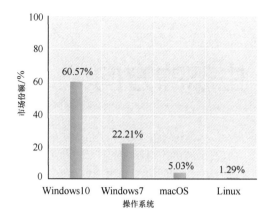

图 7.10　2020 年 8 月全球操作系统市场份额
（来源：Netmarketshare）

Linux 生态社区的"碎片化"已经积重难返，在生态培育初期没有建立起良好"基因"，现在再想解决兼容、优化这两方面的弊端也是有心无力。

中国的操作系统大部分基于 Linux 发行版，都在一定程度上受到 Linux 生态"碎片化"的影响。我们需要引以为戒，更需要主动发力，在生态建设上要超越开源社区，有新的作为。

第 **5** 节 生态的方向

1989 年高通正式对一些无线通信企业进行 CDMA 技术许可，并利用各大巨头争夺 GSM 标准的时机，注册掌握了大量 CDMA 技术专利。高通目前拥有的专利超过 13000 项，主要集中分布在 3G 和 4G 的核心领域，其中大约 3900 项是 CDMA 的专利。"高通模式"的本质是卖"标准"。

——《从专利战中了解高通和它的商业模式》，2019

生态体系核心要素

生态的外沿：不止于解决方案

生态中的纯技术因素正在越来越少

生态的"外沿"是指围绕解决方案的其他方面的支撑力量。

这里回顾一下生态的定义——生态是建立在一个 CPU 之上的所有资源和价值的总体，解决方案是生态的核心。除了解决方案之外，优秀的生态还会投入一些额外的工作，为解决方案"增值"，为生态添光增彩。

- 标准规范。优秀生态的 3 个原则之一的"兼容"主要是通过标准规范来约束的。标准规范的意义是制定不同产品之间的接口，任何一个产品只要满足接口规范就能够和其他产品配合工作。小到一个 U 盘的接口尺寸、网络数据通信协议，大到一种文档格式、一种编程语言，都有必要纳入标准规范。标准规范是生态的律法书。

- 软件社区。软件社区集中了 CPU 之上的软件资源，包括操作系统、应用程序接口（API）、应用软件。软件社区也可以作为开发者的协作平台，以及应用成果的传播平台。

- 适配认证。企业可以对解决方案的成果发布认证证书，作为向用户推荐的依据。例如 x86 计算机上的"Windows 兼容"标记就起到一种认证作用。

- 人才培养。人才是生态中主观能动性最高的要素，生态人才包括开发者、用户两种类型。培训可以提高开发者的水平，加强用户对生态的了解和认知，反向促进生态发展。ARM 在 2000 年进入中国时，和很多高校合作建立嵌入式实验室，向高校学生免费赞助 ARM 硬件平台，有力拉动了开发者向 ARM 生态的转移。

- 书籍出版。书籍是生态中最重要的知识载体，是技术传播的高效渠道。书籍的内容权威性是互联网站不能取代的，书籍的"深层次阅读"是培养专业人才的必由之路。CPU 的 3 本经典著作带领很多传奇人物创造了不朽的产品，Windows 教学书籍让中国的中小学成为全球最大的微软培训班。

生态的外沿延伸到信息化社会的每一个角落，这样的一个"泛生态"是技术、商业、营销、管理的综合交叉体。生态建设需要更多懂技术也懂经营的复合型人才，这也是本书用一整篇的篇幅讲述 CPU 生态建设的意义。

龙芯生态已经在外沿的各个方面都有支撑，龙芯的"泛生态"格局正在形成，如图 7.11 所示。

图 7.11　龙芯生态体系
（来源：《龙芯生态发展报告 2020》）

CPU 厂商：不同的营利模式

一流企业要向"做标准"的方向努力

商界有一条名言流传已久，套用在 CPU 上同样适用：一流的企业做标准（对应到 CPU 是知识产权），二流的企业做品牌（对应到 CPU 是生态），三流的企业做产品（对应到 CPU 是芯片制造）。

一流的 CPU 企业是技术创新的领军者，给产业定标准，以知识产权营利。企业在制造的产品中如果涉及已经注册的专利，就得向知识产权的所有者交费。CPU 领军企业会将指令集注册专利，与指令集相关的 CPU 核心技术也会注册专利，其他企业只要想进入这个生态圈，总会有一些绕不过去的知识产权。

高通（Qualcomm）公司是靠知识产权营利的典型企业。高通是 3G、4G 时代的"霸主"，其净利润的 53% 来源于专利费。中国手机企业最辛苦，挣的都是血汗钱，中国手机出货量越大，高通公司越能"躺着挣钱"。所以华为公司对 5G 主导权的争夺直接触动了美国企业的利益。

ARM 公司也是靠知识产权营利的典范。ARM 公司自己不制造一块芯片，只将指令集和公版 IP 电路图授权给其他厂商，从中收取授权费用。授权费用包括两部分，CPU 企业从 ARM 公司购买指令集的使用权要交一次费，CPU 企业每卖出一块芯片也要向 ARM 公司交费。从 1991 年到 2020 年，ARM 芯片一共出货 1600 亿颗，如今每年出货量仍然在增长。

二流的 CPU 企业掌握一方生态，抬高门槛、减少竞争者，占有较高的市场份额。Intel 公司在台式计算机、服务器领域的 x86 份额超过 90%，已经把昔日群雄挑落马下，消费者唯一可买的只有 x86 芯片。这类厂商短时间内不必为生存问题担忧，但是台式计算机、服务器市场在多年间持续萎缩，直接导致芯片购买量减少。Intel 面临的最大问题是如何拓展新市场。

三流的 CPU 企业只会制造芯片、销售芯片。由于不具有独门创新技术，市场进入条件低，因此竞争者环伺，利润空间小，勉力维持的最好结果也就是能把成本做平。追随 x86、ARM 生态的大多数芯片厂商都处于这一水平。

中国的 CPU 企业正处于从第二梯次向第一梯次迈进的过程。龙芯中科举起生态建设大旗，坚持指令集授权、架构授权、研制芯片和生态建设齐头并进。

应用商店：生态成果阵地

应用商店的成功不是靠技术，而是靠一种新的商业模式改变人类使用手机的习惯

应用商店（App Store）是在一个计算设备中集成的软件工具，可以方便地进行应用的检索、下载和安装。

2008 年苹果公司首次上线应用商店，可以视为移动计算生态成熟的一个标志。随后 Android、Windows 也先后支持应用商店，智能手机厂商也会建立自己产品的应用商店。

应用商店的最大贡献是极大地提高了应用的发行效率。在应用商店

出现之前，应用的发行方式是磁盘、光盘，或者在互联网上分散的站点提供下载。无论是寻找应用还是安装应用都需要大量时间和专业技术。

应用商店的另一个贡献是使个人用户可以管理应用程序。应用商店提供图形界面，可以高效地检索应用程序，"一键安装""一键升级"的方式也使所有非技术用户能够随心所欲地使用应用程序。应用商店提供的点赞、评论功能也使其带有一定社交属性，可以将消费者的使用体验快速反馈给应用开发商。

应用商店是一个生态中的重要阵地。应用商店中上架应用的数量体现了生态繁荣程度，优秀的应用往往可以作为一个生态抢占市场的"杀手锏"。应用商店的出现也改变了消费者购买设备的选择思路，很多用户买手机首先看的是应用商店里是否提供了自己需要的全部应用。

应用商店的拥有者可以采用对开发者抽取"生态税"的方式获得利润。例如在苹果公司的应用商店中，有一部分是付费应用，消费者购买应用所支付的费用由苹果公司与应用开发商按 3 : 7 分配。2019 年苹果公司全年收入 2600 多亿美元，其中应用商店的收入竟然高达 500 亿美元！

中国操作系统厂商也开始重视应用商店的建设。例如深度操作系统（Deepin Linux）集成了自研的应用商店，主动与国内软件厂商合作开发大量原创桌面应用程序，如图 7.12 所示。2016 年深度操作系统在龙芯计算机上完成移植，第一批上架应用程序 400 款，应用商店作为一个重磅工具，展示了龙芯计算机也可以方便地维护和安装应用程序。2020 年龙芯计算机的应用商店提供的应用程序数量达到近万款。

图 7.12　深度操作系统应用商店
（来源：deepin.org）

生态无难事，只要肯登攀

中国已经在应用层面实现自主化，下一步需要解决生态底层的自主化问题

中国的 IT 生态发展水平类似于 20 世纪 90 年代的硅谷。中国现在有多家 CPU、操作系统企业，这些企业分别选择不同的技术路线和发展模式，性能指标和创新力持续提升，进入生态建设的快车道。

中国的信息化应用已经大部分转为本土开发。从 20 世纪 90 年代至今是我国信息化的 30 年，依托于庞大的 IT 人才队伍，可以自己开发电子政务、企业信息化、电子商务、移动支付等领域的应用软件，很多企业已经走在国际前列，例如 WPS 办公软件（见图 7.13）。

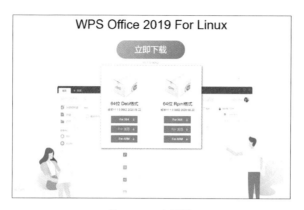

图 7.13　WPS 办公软件

下一步需要实现的是生态底层技术的转型升级。对于 CPU、操作系统这两个产品也实现自己开发、自己使用。

"做自己的 CPU、建设自己的生态"的想法曾经在很长一段时间内遭到质疑。很多专家学者说中国没必要建设自己的生态，更多的人不相信中国人有能力建设自己的生态。

生态建设是持久战略，需要一代人长期努力，不可能速胜，也不可能走回头路。龙芯的多年实践证明，生态必须要做，生态也一定能做成。本篇展示的正是龙芯生态建设的经验和成果，最重要的是坚定信念，不摇摆、不反复，一定能以"星星之火"形成"燎原之势"。

中国CPU篇

"技术—市场—技术"的历史循环

第 1 节 CPU 旧事

1956 年 3 月，夏培肃创办了一个计算机原理讲习班，讲授电子计算机的基本原理。这个讲习班，被认为是中国计算机界的第一个计算机原理讲习班。

——《中国计算机历史记忆》

我国在计算机原理方面的第一套系统完整的原创性自编教材

为什么要做 CPU？

CPU 是电脑之心，是新基建的基础元器件

中国的基础信息化建设强烈依赖于 CPU。CPU 是计算机的大脑和心脏，在"新基建"中处于基础元器件的地位，每一个信息设备都要使用。大到台式计算机、服务器、云计算、工业控制、高铁、飞机、卫星，小到智能家居、电子门锁、水表、电饭锅，都离不开 CPU。

中国是世界最大的 CPU 需求市场，2018 年、2019 年中国芯片进出口量如表 8.1 所示。中国台式计算机市场约占全球的 20%，服务器市场约占全球的 30%。2019 年全球台式计算机市场出货量为 2.6 亿台，按照均价 215 美元 / 片计算，2019 年桌面 CPU 在全球市场的销售额约为 545 亿美元。2019 年全球服务器市场出货量 1200 万台，每台服务器平均安装 2.5 个 CPU，按照均价 1500 美元 / 片计算，2019 年服务器 CPU 在全球市场的销售额约为 450 亿美元。

表 8.1　2018 年、2019 年中国芯片进出口量

	数量 / 亿		数量同比增长 /%		金额 / 亿美元		金额同比增长 /%	
	2018 年	2019 年	2018 年	2019 年	2018 年	2019 年	2018 年	2019 年
出口	2169	2185	6.2	0.7	845	1015	26.7	20.1
处理器及控制器	824	781	6.5	−5.2	295	357	9.3	21.0
存储器	212	219	12.8	3.3	441	524	45.1	18.8
放大器	61	92	1.7	50.8	15	21	7.1	40.0
其他	1072	1092	5.1	1.9	94	113	19.0	20.2
进口	4170	4443	10.8	6.5	3107	3040	19.9	−2.2
处理器及控制器	1184	1207	12.3	1.9	1261	1423	12.8	12.8
存储器	398	414	11.5	4.0	1231	947	38.5	−23.1
放大器	295	315	8.5	6.8	98	97	3.2	−1.0
其他	2294	2506	10.3	9.2	518	574	6.1	10.8

（数据来源：中国海关总署）

中国 CPU 长期采用国外产品，自主率很低。2019 年前 7 个月，我国进口 CPU 金额共 470 亿元，其中直接来自美国的产品（Intel、AMD、高通等）超过 320 亿元。中国信息化生态主要建立在 x86、ARM 上，信息产业的大部分高额利润被国外厂商赚取。

高端 CPU 成为影响国运的重器。国民经济发展与信息化水平紧密相关，任何信息设备都至少要包含一个 CPU。采用国外 CPU 产品存在严重的供应链风险，使用国外 CPU 难以杜绝后门和漏洞，也无法摆脱在核心技术上受制于人的不利局面。

研制中国自己的 CPU，是 IT 产业转型升级的需要，也是维护国家经济发展与信息安全的需要。

发展 CPU 技术的两条路线

"市场带技术"是被实践证明的成功之路

做 CPU 要选择适合中国实际情况的道路。改革开放以来，在解决核心技术的道路上有两个选择。

第一条路是"市场换技术"。方法是通过合资等方式把中国市场给予国外企业，希望在合资过程中得到先进技术，走"引进—消化—吸收"的过程。

目前中国已经有一些 CPU 企业取得国外企业的合资或授权，制造和 x86、ARM 兼容的芯片。但是知识产权都还是在国外企业手中，甚至有的 CPU 企业只是拿到 x86、ARM 授权的设计资料直接制造芯片，"引进"容易，而"消化—吸收"则极为漫长，与"掌握 CPU 设计能力"相距甚远。

第二条路是"市场带技术"。方法是自研技术，自建生态，通过市场引导带动技术进步。典型代表是航天产业。中国航天产业水平处于世界领先行列，并且形成了中国特有的航天产业体系，走出国门到全球角逐，证明这是真正能掌握核心技术的路线。

龙芯坚定地走"市场带技术"的路线。龙芯强调从每一行源代码开始设计自己的芯片，并在应用中不断演进，虽然起点低，但是能像爬楼梯一样不断提升水平，最终成为市场接受的产品。

我国计算机事业的 3 个发展阶段

"自己做CPU"是自力更生情怀的延续

"自己做 CPU"在中国并不是历史第一次，这是中国计算机界的先驱们曾经干过的事情。

中国计算机事业经历了以下 3 个发展阶段。

- 第一个 30 年（1950—1980 年），中国计算机完全自主研发。1956 年成立中科院计算所，当时的传统是从"沙子"造计算机，单晶硅、晶体管、CPU、主板、操作系统都能自己造出来。但是当时没有市场化，计算机只服务于项目需要。

- 第二个 30 年（1980—2010 年），中国计算机完全市场化。中国企业联想、曙光、浪潮都在制造计算机，出货量居世界前列。但是 IT 产业的两大核心技术——CPU 和操作系统，主要建立在 x86 和 ARM 生态上。

● 第三个阶段（2010 年至今），要在市场化条件下重新掌握自主能力。研发 CPU 核心技术，在开放市场中打破垄断。

中国自研计算机的代表是 109 丙"功勋计算机"，如图 8.1 所示。1967 年中科院计算所自行设计通用大型晶体管数字计算机，这是中国第一台具有分时、中断系统的计算机，字长为 32 位，每秒运算 10 万次。中国第一个自行设计的管理程序（操作系统前身）也是在它上面建立的。

图 8.1 109 丙"功勋计算机"

109 丙"功勋计算机"使用时间长达 16 年，在多个领域发挥了重要作用，证明了中国有能力发展自己的计算机事业。

中国第三代计算机人要拾取第一代计算机人的精神遗产，自力更生、努力拼搏，这就是不忘初心。

缺芯少魂：中国 IT 之痛

高校、研究所已经忘记了怎么做 CPU

中国的个人计算机 CPU 从一开始就走与国外 CPU 兼容的路线，长城 0520 如图 8.2 所示。中国最早研制的 8 位微型计算机是 1977 年的 DJS-050 微型计算机，由清华大学、安徽无线电厂和电子部联合设计，与 Intel 8080 兼容。

20 世纪 80 年代中国生产的微型计算机主要仿制 Intel、Motorola、MOS 6502、Zilog Z80 等兼容机，20 世纪 90 年代则全面转向 IBM PC、DOS/Windows 的市场。

在大型机方面也走"与国际道路接轨"的路线。1993 年完成研制的曙光一号并行计算机，达到同时代计算机的国际

图 8.2　长城 0520 是中国第一台中文化、工业化、规模化生产的微型计算机，CPU 使用 Intel 8088（1985 年）

先进水平。曙光一号采用 Motorola M88100 微处理器、AT&T UNIX 操作系统，定点运算速度每秒 6.4 亿次，主存容量最大 768 MB。由于国内处理器、操作系统技术薄弱，高密度生产技术匮乏，曙光一号团队曾在美国硅谷进行 11 个月的"洋插队"开发。

回顾 20 世纪 80、90 年代，国家对自主研发 CPU 的支持力度明显下降，主要科研支持计划都未将其列入，CPU 设计能力在高校、研究所基本丧失。

中国的操作系统命运同样坎坷。

20 世纪 70 年代以前操作系统主要服务于硬件设计，不作为独立产品。20 世纪 80 年代的重点是解决在 PC 上的汉字显示、中文输入法、汉字处理软件，离操作系统核心技术渐行渐远。

20 世纪 90 年代后则被 Windows、UNIX 操作系统垄断。中国操作系统失去了产业市场，从而放弃研发完全自主代码的"COSIX"操作系统，以"红旗"为代表的国内操作系统厂商仅从事开源 Linux 的发行版定制，走向产业链末端，生态建设阻力重重，没有形成有影响力的操作系统产业。

龙的声音

2002年8月10日清晨6点08分，"login:"的字样如约而至地出现在用"龙芯1号"作CPU的计算机屏幕上。随着一阵欢呼声从蚊子成群的中科院计算所北楼105房间传出，中国人结束了只能用洋人的CPU造计算机的历史。

——《我们的龙芯1号》，2002

龙芯1A

龙芯极简史

龙芯是科研与市场结合的典型，把科学院的技术成果转换成产品

龙芯是中国科学院计算产业的传承。

做龙芯的初心很简单——"中国这么一个大国怎么能没有 CPU 呢？"当时市场主流产品已经是 Intel 的"奔三""奔四"，但是中国 CPU 科研人员认为"哪怕做个 Intel 8086 也得自己试试看"，从此开创了龙芯至今 20 年的历史。

龙芯的第一个 10 年是"科研史"。龙芯起源于中科院计算所在 2001 年成立的微处理器团队，得到国家 863 计划、973 计划、自然科学基金、核高基等的支持，完成 10 年技术积累，初步掌握高性能 CPU 核心技术，具备了推广应用的基础。这一时期成果的形式主要是论文、著作、CPU 原型样片、科研奖项。

龙芯的第二个 10 年是"产业史"。2010 年龙芯开始市场化运作，走企业报国路线，要把芯片卖给客户，为产业提供服务。龙芯 2F 如图 8.3 所示。龙芯中科是科研与市场结合的典型，把龙芯课题组的研究成果转换成产品。

图 8.3 龙芯第一款产品芯片龙芯 2F

2015 年龙芯进入高速发展期。龙芯 CPU 研发和应用取得很大进展，应用案例遍布政企信息化、教育、工业控制、网络安全等领域，性能逼近国际市场主流 CPU 的水平，形成了超过数千家企业的产业链，自主创新产业体系正在形成。

龙芯坚持走全面自研路线,每一行电路源代码、整个芯片的电路版图都是自己设计的。龙芯的历史贡献证明了中国 CPU "一定需要做""一定能做成"。

龙芯主要型号

龙芯 CPU 包括大、中、小三个系列

龙芯 CPU 分为 1 号、2 号、3 号三个产品线,如图 8.4 所示。龙芯 3 号用在台式计算机、服务器、笔记本计算机上,特点是性能强、核数多;龙芯 2 号用在工业控制、网络设备领域,特点是性能适中、接口丰富;龙芯 1 号用在嵌入式、物联网领域,特点是性能简、功耗低。

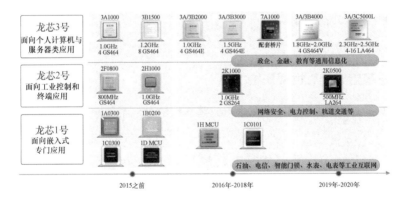

图 8.4　龙芯 CPU 系列

龙芯 3A4000/3B4000 于 2019 年 12 月发布。龙芯 3A4000 用于台式计算机、笔记本计算机上,采用新一代处理器核心(代号 GS464V),属于业界领先的新一代微结构,主频为 1.8GHz ～ 2.0GHz,每个 CPU

芯片包含 4 个独立的处理器核。龙芯 3A4000 实现精细功耗管理，内置功耗控制核心，可以根据运行负载进行动态调频、调压。龙芯 3B4000 属于服务器 CPU 产品线，用于多路服务器整机产品，支持双路、四路服务器，即在一台服务器主板上安装 2 个或 4 个龙芯 3B4000 芯片，一台服务器最多包含 16 个处理器核。

2021 年推出的龙芯 3A5000 与龙芯 3A4000 相比，SPEC CPU 2006 性能提升 50% 以上、STREAM 性能提升 40% 以上、Unixbench 性能提升 100% 以上。龙芯 3A5000 整体性能实现了全面超越。

龙芯产品线中还有配套的桥片——7A 系列，与 CPU 配合使用。7A 系列桥片中集成自研的图形处理器（GPU）。

龙芯 CPU 用途广泛，从科学计算，到台式计算机、服务器，再到嵌入式、微控制器都有覆盖。

龙芯曾经的"世界先进水平"

单一指标做到离国际主流很近，是典型的学院派思维

国外媒体《麻省理工科技评论》（*MIT Technology Review*）是麻省理工学院于 1899 年创办的杂志，侧重报道新兴科技和创新商业。

该杂志 2008 年发表文章"A Chinese Challenge to Intel"，2010 年发表文章"Chinese Chip Closes In on Intel, AMD"，2012 年发表文章"The China Chip Advances —and May Compete with Intel Soon"，如图 8.5 所示。

MIT Technology Review

The China Chip Advances—and May Compete with Intel Soon

The country's first homegrown microprocessor could be used in Internet servers and routers.

by Tom Simonite　　　　　　　　　　　　　　November 26, 2012

The processors at the heart of computers and mobile devices today come in two basic flavors: Intel- and ARM-compatible. But since 2002 the Chinese Academy of Sciences has been working in a public-private partnership, BLX IC Design Corporation, to establish a third type of processor—designed and made in China. Early next year, the latest fruit of that project will be unveiled, reports ComputerWorld—a new chip in a family of designs known as Loongson that is intended to drive PCs, servers, and supercomputers.

The latest chip, the Godson-3B1500, is the same size as its predecessor, launched in 2011, but is said to have twice as many transistors and to be 35 percent more power efficient. Earlier members of the Godson chip family were used as the basis of the chips for China's first fully domestically built supercomputer.

图 8.5　*MIT Technology Review*
（来源：www.technologyreview.com）

当时正是龙芯完成原始技术积累的时刻，在国际学术会议上发表了 CPU 的报告和论文。3 篇文章报道内容都是以"中国 CPU 已经离 Intel 很近了""很快就可以和 Intel 竞争了"的论调表述。似乎龙芯在当时就已经达到"世界先进水平"了。

学术会议上发表的"先进成果"只是龙芯 CPU 的一个指标——计算性能。龙芯在 2010 年推出的四核 3A1000，通过多核心的并行计算确实在浮点计算性能上接近市场上主流 CPU 的性能。

但是从产品的角度来看，龙芯在很多方面和市场主流 CPU 相差很远。产品的要求是多元化的，包括单核性能、I/O 能力、配套软件生态都要优秀。这些才是 Intel 的领先水平，当时的龙芯只能算是一个科研原型产品。

现在回头看这段历史，2010 年是龙芯开始摸索做产品的一个新的起点。这个阶段的新任务是要摆脱"学院派"思维，从思想上转向做产品、做市场。

从学院派到做产品

"别人办企业从零开始，龙芯办企业从负数开始"，先要肃清学院派"流毒"

龙芯团队从"学院派"转型为企业运作后，从"做产品"的角度确定了以下 3 个设计原则。

- 先提高通用处理能力，再提高专用处理能力。"通用处理能力"是指 CPU 处理日常最高频业务的性能。日常生活中，通用处理能力往往并不只取决于计算性能，而是计算、访存（访问内存）、I/O 通信能力都要优秀。例如在计算机上打开 Office 文档、浏览网站、观看视频，CPU 的执行只占一小部分，计算机中其他部件的性能同样重要。至于浮点计算，它只是用于科学计算的一种"专用处理"能力。龙芯的性能优化首先是针对性地把通用处理能力提升。

- 先提高单核性能，再提高核数。计算机处理应用任务时，很多任务只能在单个 CPU 核上执行，执行时间取决于单核的性能，核数再多也没有帮助。"人多力量大"的道理不完全适用于 CPU。台式计算机有 4 个核基本上就够使用了。在服务器上，如果单核能力很低，堆再多核也无济于事。龙芯的性能优化首先是针对性地把单核能力做强。

- 先提高设计能力，再依靠先进工艺。提高设计能力是指芯片设计人员能够使用同样多的晶体管，在更短的时间内完成计算功能。先进工艺是制造芯片时在同样面积的硅片上容纳更多的晶体管。设计能力是硬功夫，是真正的功底，做 CPU 不能盲目依赖于先进工艺。

2010 年的龙芯 3A1000 使用 65nm 工艺实现主频 1GHz，而 Intel
使用 130nm 工艺就能实现 4GHz 主频。即使把 Intel 的 CPU 同样
降低到 1GHz 主频，龙芯 CPU 的性能也只有 Intel 的 1/5。所以龙
芯的"性能补课"主要是针对设计能力。

"通用处理能力、单核性能、设计能力"，这 3 个主题词是龙芯的长期优
化方向，贯穿了龙芯从 2010 年至今的产品设计原则。

龙芯性能有多高？

龙芯将再次重现"世界先进水平"，不负 10 年前国外媒体的期望

龙芯经历了 3 代产品的迭代，产品性能提升如图 8.6 所示。每一代产品
在国际通用的 CPU 计算性能测试集 SPEC CPU2006、访存性能测试
集 STREAM 上的分值如图 8.6 所示。

	单核性能			四核性能		
	SPECCPU 整数	SPECCPU 浮点数	STREAM 访存 (GB/s)	SPECCPU 整数	SPECCPU 浮点数	STREAM 访存 (GB/s)
第一代：3A1000 (2012年发布，四核，1.0GHz)	2.7	2.5	0.30	9.0	7.7	0.71
第二代：3A3000 (2017年发布，四核，1.5GHz)	11.1	10.1	8.8	36.2	32.9	13.2
第三代：3A4000 (2019年发布，四核，2.0GHz)	21.1	21.2	>12	61.7	58.1	>20
最新一代：3A5000 （2021年发布，四核，2.5GHz）	>30	>30	>15	>80	>80	>25

图 8.6 龙芯 3 代产品性能提升

龙芯中科成立至今的 10 年时间里，单核性能提升了 10 倍以上。2012 年
就被国外媒体称为"即将和 Intel 竞争"的龙芯 3A1000，其实单核分值
只有 2.7 分。2019 年发布的龙芯 3A4000 提升到 21.1 分。2021 年发
布的龙芯 3A5000 提升到 25 分以上。

通过大幅度提升通用处理能力，龙芯计算机运行应用程序的体验明显改善。在龙芯 3A1000 计算机上打开 20MB 的 Office 文档需要 33 秒，而在龙芯 3A4000 计算机上不到 1 秒就能打开。

龙芯在设计能力上的"硬功夫"越来越高。龙芯 3A4000 和龙芯 3A3000 工艺相同，但是龙芯 3A4000 的性能比龙芯 3A3000 提升了一倍。这是龙芯 20 年来优化经验积累的成果。

龙芯 3A5000、3C5000 在 2021 年推出，主频超过 2.5GHz，单核性能接近 30 分，一个芯片最多包含 16 个处理器核，支持四至十六路服务器，具备高端服务器的商业竞争力。

龙芯将再次重现 10 年前国外媒体所称的"世界先进水平"，只不过这次转变到了通用处理能力、设计能力和产品综合性能方面，这些才是真正代表一个国家掌握 CPU 技术的硬实力。

龙之生态

中国开创性地建设一种新的生态文明，这需要朝向一个不同以往的方向
发展。

—《人民日报》国际社论，2015

基础软件类型	名称	典型开发工具	典型应用
编程语言	Java	OpenJDK	Web应用
	C/C++	GCC	本地应用
	PHP	Apache	Web应用
	Python	Python虚拟机	Web、本地应用
	Ruby	Ruby虚拟机	Web应用
	Node.js	Node.js虚拟机，Electron	Web、本地应用
	Go	golang	Web、本地应用
	C#	.Net Core	Web、本地应用
函数库	本地图形界面库	Qt	本地图形界面
	Java图形界面库	AWT/Swing，JavaFX	本地图形界面
	3D图形库	OpenGL	3D图形应用
	视频解码库	ffmpeg，openh264，libvpx	视频播放器
	Web中间件	Tomcat，GlassFish，Jboss	Web应用
平台引擎	数据库	Mysql（关系型），Mongodb（非关系型）	Web应用
	3D中间件	osgEarth	3D图形应用
	云平台	Docker，KVM，Kubernetes，Openstack	Web应用
	大数据	Hadoop，Spark，Storm	大数据应用
浏览器	HTML/CSS/JavaScript	Firefox，Chromium	Web应用
	JavaScript框架	jQuery，AngularJS	Web应用
	CSS框架	Bootstrap	Web应用
	Flash ActionScript	Flash插件	Web应用
	HTML5	Firefox，Chromium	Web应用
	WebGL	Firefox，Chromium	Web页面3D应用
	WebRTC	Firefox，Chromium	Web页面视频应用
性能分析工具	Profiling Tool	Oprofile，Perf	本地应用
集成开发环境	Java/C/C++ IDE	Eclipse	Web、本地应用
	Qt IDE	Qt Creator	本地图形界面

龙芯在 2020 年 7 月完成 .Net Core 移植，标志着龙芯已支持 Linux 全部主流开发环境

核心技术只能在试错中发展

"试错"是产品不可绕过的路径，这是基于实践论的观点

核心技术有一个共同的特点是"高复杂系统"。目前我国还需要解决的核心技术有高端发动机、精密仪器、脑科学，还有 CPU。

高复杂系统的第一个难点在于影响品质的因素很多。高复杂系统很难用"分而治之"的手段切分成子系统，各子系统之间存在"牵一发而动全身"的交错关系。例如一个函数有一万个变量，用于描述函数的公式就要很大数量。再例如人脑，就算在显微镜下看到每一个神经元细胞，也很难说清细胞之间的组织方式。

高复杂系统的第二个难点在于需要大量实验过程来完善。任何产品的质量都不是光靠设计就能达到高水平的，必须经历"做出原型—试验—找到不足—改进原型—再试验"的反复循环。例如汽车的发动机，初中物理课就讲过内燃机原理，我们很容易造出能稳定工作 1 年的发动机，但是如果造 100 万台、跑 1 年都不出问题，这就需要在应用中做大量的实验来慢慢改进。

"试错"是产品不可绕过的路径。核心技术产品的难点其实不在于科学原理，而在于功能细节的完善。

"试错"理论解释了技术创新需要的要素。如果把创新当成一个函数，以前人们都关注 3 个变量：资金、人才、体制机制。现在有第四个变量，就是时间。时间是核心技术产品最重要的门槛，如图 8.7 所示。

根据难易程度的不同，做产品分为很多"流"。三流产品有钱就能做，例如低端的加工制造业，改革开放至今中国人民已经做透了。二流产品要有钱、有技术人才才能做，例如软件开发、互联网行业，中国也占有一定优势。一流产品要有钱、有技术人才、有体制，还要加上长期积累才能做，例如 CPU。龙芯已经迈过了试错的最艰难阶段，正在加速前进。

图 8.7 时间是核心技术产品最重要的门槛

龙芯指令集

LoongArch 是从"必然王国"走向"自由王国"的标志

CPU 指令集是计算机的软硬件界面，是 CPU 所执行的软件指令的二进制编码格式规范。

一种指令集承载了一个软件生态，如 X86 指令集和 Windows 操作系统形成的 Wintel 生态以及 ARM 指令集和 Android 操作系统形成的 AA 生态。国外 CPU 厂商以指令集作为控制生态的手段，需要获得"授权"才能研制与之相兼容的 CPU。采用授权指令系统可以研制产品，但不可能形成自主产业生态。

就像中国人可以用英文写小说，但不可能基于英文形成中华民族文化。

2021 年 4 月 15 日，LoongArch 指令集对外发布（见图 8.8），又称为龙芯架构（Loongson Architecture）。LoongArch 从顶层规划到各指令部分的功能定义，再到细节上每条指令和每个寄存器的编码、名称、含义，全部自行设计。

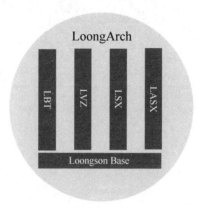

图 8.8　龙芯 LoongArch 指令集

LoongArch 包括基础部分（Loongson Base）和虚拟化（LVZ），以及二进制翻译（LBT）、向量（LSX）、高级向量（LASX）3 个扩展部分。

LoongArch 具有技术先进、兼容生态的特点。LoongArch 在设计上摒弃了传统指令系统中不适应技术发展的陈旧内容，同时吸纳了近年来指令系统设计领域多项先进成果。LoongArch 在硬件方面更易于高性能、低功耗设计，在软件方面更易于编译优化和操作系统、虚拟机的开发。

LoongArch 充分考虑兼容现有生态，融合了国际主流指令系统的主要功能。依托龙芯团队在二进制翻译技术方面的十余年研究，能够把现有龙芯计算机上应用程序的二进制无损自动翻译到 LoongArch，并支持多种国际主流指令系统（x86、ARM 等）的高效二进制翻译。

LoongArch 是充分考虑兼容需求的自主指令集，是发展独立自主的产业体系的根基。龙芯中科从 2020 年起新研的 CPU 均支持 LoongArch 架构。2021 年推出全新 CPU 产品——龙芯 3A5000 是首款采用 LoongArch 的芯片。

社区版操作系统：支撑软件生态

成功的 CPU 企业都是同时做操作系统

龙芯坚持"开放、兼容、优化"的生态建设模式。

龙芯中科维护开放的社区版操作系统——Loongnix，这是龙芯中科自己开发的 Linux 发行版。龙芯中科把大量开源软件在龙芯计算机上做好移植、优化，形成一个安装光盘，就可以安装在所有使用龙芯 CPU 的台式计算机、服务器、笔记本计算机、网络设备、云平台上。Loongnix 代码和安装盘在社区上可以公开下载。整机厂商、设备厂商需要使用操作系统时，可以随时下载 Loongnix，也可以使用 Loongnix 的全部源代码进行裁剪定制。

龙芯中科统一了整机系统架构。龙芯联合固件、主板、操作系统厂商制定了企业间的《龙芯 CPU 统一系统架构规范》，规定了主板和操作系统之间所有接口的设计标准。龙芯的所有计算机厂商都需要遵循《龙芯 CPU 统一系统架构规范》，并且要通过龙芯中科的测试认证。操作系统可以在所有通过认证的龙芯计算机上安装，将来龙芯计算机升级 CPU 时操作系统不受影响。

龙芯中科优化了操作系统中的核心软件。龙芯中科的软件团队对 Linux 内核、编译器、各种应用程序接口（API）、图形库、媒体库进行了优化，结合龙芯 CPU 本身特点提高执行效率，性能往往比开源社区上的原始代码提升 10 倍以上，如图 8.9 所示。龙芯中科还和应用软件厂商联合优化，例如在龙芯计算机上运行金山 WPS 办公软件比在 x86 计算机上更快。

图 8.9　龙芯在开源社区的主导与引领

龙芯中科的所有软件优化成果都集成到 Loongnix 中。龙芯中科做操作系统是为了促进生态建设良好发展，是为了给 CPU "增值"。

龙芯"内生安全"特色

只有自己做的芯片才能保证没有后门、漏洞

为满足广泛的信息系统安全性需求，龙芯在硬件上提供了安全机制，显著提升了安全水平。

龙芯 CPU 内置安全硬件模块，达到"内生安全"。传统的计算机安全机制只是在 CPU 外增加安全模块，龙芯 3A4000/3B4000 专门在处理器核内设计了安全控制机制。

龙芯具有 CPU 漏洞防范机制。龙芯发挥自研处理器的内在优势，能够对业界发现的已知漏洞进行机理分析和设计规避，从根本上消除漏洞。例如 Meltdown（熔毁）、Spectre（幽灵）等，这两个漏洞广泛影响 x86、ARM 计算机的安全。龙芯 3A4000/3B4000 及后续型号对这两个漏洞实现了免疫，不再受影响。

龙芯支持硬件加解密算法。龙芯 3A4000/3B4000 支持 SM2、SM3、SM4 等中国标准密码算法。以前需要操作系统以软件方式执行的加解密运算，都可以通过 CPU 以电路硬件方式执行，不仅性能提升几十倍以上，而且不会像软件一样受到攻击和篡改。

龙芯内置支持可信计算（Trusted Computing）。龙芯 3A4000/3B4000 实现芯片内的专用安全可信模块，可以监督每一个处理器核的计算任务，确保安全可信。

龙芯支持其他各种安全访问控制机制。龙芯 3A4000/3B4000 具有内核栈溢出攻击防护机制，对操作系统调用、应用进程、I/O 访问进行有效监督。

龙芯计算机的安全性得到用户认可。在某市的一个政务热线中心发生过一个典型案例，2018 年 4 月该中心的 15 台 Windows 计算机感染了勒索病毒，所有 Windows 计算机系统全部崩溃，所幸其中已部署的 3 台龙芯计算机不受病毒影响，坚挺地支撑了系统运转，避免了断线事件。本案例验证了龙芯计算机有更高的安全性。

在试错中趋于成熟

龙芯已经摸索出芯片研发和生态建设的正确规律

龙芯正在趋于成熟，有 4 个标志：功能丰富、架构稳定、性能优化、问题收敛。

"功能丰富"是指用于办公信息化处理的功能已经齐备，龙芯台式计算机上的丰富应用如图 8.10 所示。基于龙芯 CPU 已经有各种型号的台式计算机、服务器、笔记本计算机，运行的软件已经有 WPS 办公软件、浏览器、Java 虚拟机、各种中间件、数据库，以及各种云平台、大数据、AI 方案。很多外围设备已经在龙芯计算机上适配，包括打印机、扫描仪、身份证读卡器等。

图 8.10　龙芯台式计算机上的丰富应用

"架构稳定"是指龙芯计算机和操作系统已经有成熟的标准规范。龙芯中科制定《龙芯 CPU 统一系统架构规范》，实现操作系统对不同主板及升级后的 CPU 二进制兼容。就像 Windows XP 操作系统从 2000 年推出后，可以一直使用十多年不用换，龙芯计算机的操作系统也实现了相同的成熟度，龙芯计算机升级不用换操作系统。

"性能优化"是指应用体验大幅度提升。在龙芯 3A4000 计算机上打开复杂文档、业务网站、高清视频、3D 应用已经没有延迟，如图 8.11 所示。龙芯中科和应用软件厂商掌握了联合优化技术，"打通技术链"，整体性能甚至优于 x86 系统。

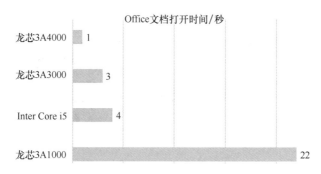

图 8.11　龙芯 3A4000 打开 Office 文档时间低于 Intel Core i5
（Intel 电脑配置：Core i5 处理器，12GB 内存，操作系统 Windows10 64 位，微软 Office 2013）

"问题收敛"是指用户使用龙芯计算机遇到的问题越来越少。尤其是遇到的问题很多只是使用习惯和应用软件本身的问题，不再需要 CPU、操作系统承担解决的责任。

龙芯计算机已经能够在日常办公中替代"Intel+Windows"，本书就是基于龙芯 3A5000 的计算机编写的。

第 **4** 节 **未来已来**

我们要让世界听到龙的声音。

——《龙芯飞扬》歌词

龙芯产品家族

"泛生态"体系正在形成

龙芯在生态建设的各方面做出中国CPU企业的表率

龙芯生态体系到 2020 年形成了一个整体，包括 6 个方面的支柱内容：标准规范、开源软件、解决方案、产品认证、人才培养、书籍出版。

◎ 标准规范。龙芯中科在两个层面进行制定，一方面是面向硬件和操作系统的结合部制定《龙芯 CPU 统一系统架构规范》，另一方面是面向操作系统和应用软件的结合部，正在联合应用厂商共同制定《龙芯 API 兼容规范》，争取使龙芯计算机上的各种操作系统都提供统一 API，消除 Linux 生态碎片化的影响。

◎ 开源软件。龙芯中科积极贡献国际开源社区，在 Linux 内核、gcc 编译器、Java 虚拟机、浏览器方面都是社区维护者，每个项目都提交了数万行代码。龙芯中科对 Java 虚拟机的代码提交量居世界第四位，仅次于 Oracle、Red Hat、SAP。

◎ 解决方案。龙芯中科打造"从端到云"的全产业链体系，在各地建立适配中心，提供龙芯台式计算机、服务器给应用厂商适配，形成面向各个领域的解决方案。2019 年龙芯中科建立"云中心"的互联网远程适配模式。2020 年龙芯中科建立全国一体化的"生态适配服务产业联盟"，规范对产业链软硬件产品的兼容性测试和认证，带动产业链上下游协同技术攻关，提高运维和综合保障能力。

◎ 产品认证。龙芯中科发布《龙芯平台兼容适配认证流程规范》，对符合标准、通过测试的产品发放认证证书。认证证书由龙芯中科和应用厂商共同盖章，作为向用户推荐的有力依据。

- 人才培养。龙芯中科建立生态培训、学校教育、考核认证体系。2019 年龙芯中科建立专职讲师团队，针对应用软件开发者和用户两个培训主题。面向应用软件开发者，龙芯中科率先提出"应用迁移"培训理念，使应用软件开发者掌握龙芯计算机开发技术。针对用户，主要讲解龙芯计算机的使用方法。2020 年提出"龙芯万里行"口号，在全国各省举办巡回培训。

- 书籍出版。2018 年龙芯中科和人民邮电出版社联合推出"中国自主产权芯片技术与应用丛书"，让用户和开发者更容易地获取学习资源。已经出版的书籍包括 CPU 原理、操作系统、应用开发、使用教程等方面，如图 8.12 所示。面向用户的龙芯计算机教程讲述每一个菜单、对话框、界面的使用方法，使用户从 Windows 使用习惯转变为龙芯计算机。

图 8.12　龙芯书籍覆盖 CPU 原理、操作系统、应用开发、使用教程

龙芯"泛生态"体系正在形成。龙芯从"打通技术链"跃升为"打通生态链",联合上下游厂商、应用软件开发者、用户一起为龙芯生态注入无穷动力。

从零开始造计算机：龙芯教育理念

让中国高校、研究所都重新学会做 CPU

龙芯团队希望每一个中国计算机从业者都学会 CPU 原理。中国信息技术教育缺乏 CPU 核心原理教学,高校学生学习的主要是 x86、ARM 架构,只能掌握一些基本概念,无法看到内部实现,大多数计算机专业毕业生说不清 CPU 的运行原理。

龙芯中科与学校共同打造自主创新教育联盟,进行计算机专业课程改革。龙芯中科推出"龙芯 CPU 高校开源计划",学生可以对照龙芯 CPU 源代码学习原理,从学习"用"计算机转为学习"造"计算机,如图 8.13所示。超过百所高校已经开设龙芯教学课程。

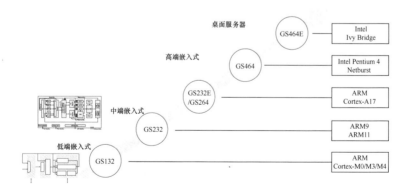

图 8.13　"龙芯 CPU 高校开源计划"将 GS132 和 GS232 两款 CPU 核向高校和学术界开源
（http://www.loongson.cn/lup）

龙芯在中小学广泛开展龙芯计算机的信息技术课程。很多中小学建立了龙芯电子教室，学习龙芯计算机的使用操作方法，改变了以前学习 Windows、做"微软培训班"的局面，如图 8.14 所示。

图 8.14　小学生使用龙芯计算机学习开发游戏

多种路线的中国 CPU 企业

"市场带技术"路线逐渐超越"市场换技术"

中国 CPU 企业在近几年纷纷涌现，呈现出类似于美国硅谷 20 世纪 90 年代的百花齐放势态。

申威 CPU 采用自研微架构，从 2003 年开始研制。2015 年推出的"申威 26010"主要面向科学计算，主频为 1.5GHz，浮点计算峰值速度达 3.168×10^{12} 次 /s，全面应用于"神威——太湖之光"超级计算机，在 2016 年登上世界最快计算机排行榜首位。

更多的企业采用引进 ARM、x86 授权的路线。海思半导体研制 ARM 兼容的手机 CPU"麒麟"系列，以及台式计算机、服务器级 CPU"鲲鹏"系列。飞腾 CPU 研制 ARM 兼容处理器。AMD 等公司授权我国企业研发 x86 兼容的处理器。IBM 公司授权中国企业研发 Power 处理器。

从总体趋势来看，自己研发微结构、走"市场带技术"路线的龙芯快速发展，性能和生态逐渐超越引进授权的 x86、ARM 路线。

未来已来：龙芯生态发展方向

从"必然王国"到"自由王国"

以龙芯为代表的新一代中国 CPU 已经发展了 20 余年，呈现加速发展态势，基于龙芯 CPU 的计算机设备如图 8.15 所示。这个过程没有捷径、无法幻想"弯道超车"，有些表面上的直道是更弯的弯道，只能自力更生地直道追赶。在不断试错中改进是复杂系统的必要过程，好的体制机制及更多的经费可以加速试错迭代，可以让它变快一点，但不能取代试错迭代。

图 8.15　基于龙芯 CPU 的计算机设备：桌面终端、笔记本计算机、服务器、自助终端

高复杂系统能力建设有"30 年为周期"的规律。中国自己研制的大飞机"运十"项目在 1986 年终止，等到"C919"实现首飞已经是 2017 年。

大浪淘沙换来的是真知灼见，龙芯在经过实践检验的正确道路上继续发展生态。

- 坚持正确的生态路线。龙芯坚定选择"市场带技术"道路，自行研发核心技术、建设新型信息技术生态，通过专用市场引导带动技术进步，再参与商业市场竞争。虽然道路艰辛，但是能够最终掌握生态发展话语权。

- 进入性能新阶段。龙芯 CPU 持续提升性能，2021 年推出的 3A5000/3C5000 可以满足开放商业市场的性能要求，全面胜任云平台、大数据、高并发网站等领域。龙芯通过 20 年的积累完成"性能补课"。

- 做好"应用迁移"长期攻坚准备。过去 30 年间开发的应用系统向龙芯平台进行适配迁移，需要巨大的工作量和时间。龙芯和操作系统、应用厂商相向而行，应用厂商开始成为建设自主生态的最重要角色。

龙芯将和有志之士共同传承我国计算产业精神，坚定信心完成生态建设使命。

龙芯坚持"从每一行源代码自主设计芯片"理念，持续构建独立于 Wintel 体系和 AA（ARM+Android）体系的信息技术体系和产业生态，当前已在电子政务、教育、金融、医疗、交通、工业控制等领域拥有广泛的应用案例。未来，龙芯将一如既往，团结产业链伙伴，共同打造自主信息产业命运共同体！

推荐阅读

［1］王元，沈富可，曹红霞 . 计算机科学的足迹 [M]. 上海：上海科技教育出版社，2015.

［2］吴军 . 浪潮之巅 [M]. 4 版 . 北京：人民邮电出版社，2019.

［3］水头一寿，米泽辽，藤田裕士 . CPU 自制入门 [M]. 赵谦，译 . 北京：人民邮电出版社，2014.

［4］赛因特 . 集成电路版图基础 [M]. 李伟华，孙伟锋，译 . 北京：清华大学出版社，2020.

［5］Agarwal Anant，Lang Jeffrey H. 模拟和数字电子电路基础 [M]. 于歆杰，朱桂萍，刘秀成，译 . 北京：清华大学出版社，2008.

［6］矢泽久雄 . 计算机是怎样跑起来的 [M]. 胡屹，译 . 北京：人民邮电出版社，2015.

［7］万木杨 . 大话处理器 [M]. 北京：清华大学出版社，2011.

［8］田民波 . 图解芯片技术 [M]. 北京：化学工业出版社，2019.

一腔热血一颗心，精忠报国龙芯人。

誓把强国当己任，敢用青春铸忠魂。

十年砺刃度清苦，一朝亮剑破敌阵。

待到中华腾飞日，且让世界听龙吟！

—— 龙芯誓词